Arduino编程与硬件实现

樊胜民　樊 攀　张淑慧　编

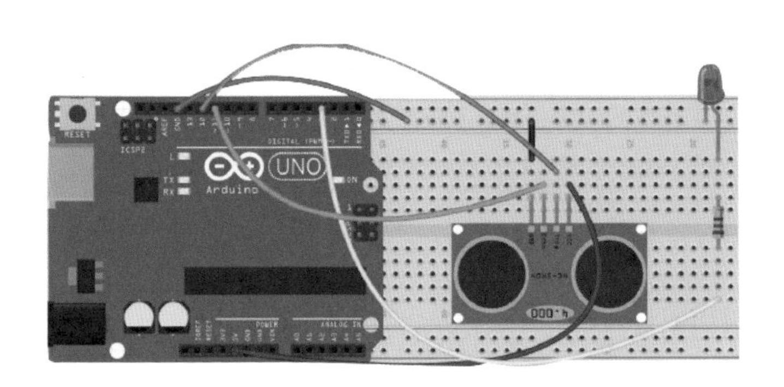

·北京·

图书在版编目（CIP）数据

Arduino编程与硬件实现 / 樊胜民，樊攀，张淑慧编.
—北京：化学工业出版社，2019.11（2025.2 重印）
ISBN 978-7-122-35086-2

Ⅰ.①A… Ⅱ.①樊…②樊…③张… Ⅲ.①单片微型计算机-程序设计 Ⅳ.①TP368.1

中国版本图书馆 CIP 数据核字（2019）第 182701 号

责任编辑：宋 辉　　文字编辑：郝 越
责任校对：刘 颖　　装帧设计：王晓宇

出版发行：化学工业出版社（北京市东城区青年湖南街13号 邮政编码100011）
印　　装：中煤（北京）印务有限公司
710mm×1000mm 1/16 印张10¾ 字数184千字 2025年2月北京第1版第11次印刷

购书咨询：010-64518888　　售后服务：010-64518899
网　　址：http://www.cip.com.cn
凡购买本书，如有缺损质量问题，本社销售中心负责调换。

定　　价：48.00元

前　言

Arduino是一款便捷灵活、方便上手的开源电子原型平台，包含硬件（各种型号的Arduino板）和软件（Arduino IDE）。本书使用Arduino主板以及常见的电子元器件，在面包板上搭建出有趣的电子制作，全程不需要焊接，不用担心目前的硬件以及编程水平，只要按照书中的步骤就能完成每个制作。

本书共分三章。

第一章　什么是Arduino

带领读者初识Arduino，包括认识主板、安装IDE软件以及介绍菜单内容。

第二章　硬件基础

在电子制作中需要用到各种电子元器件。本章主要介绍这些神奇的电子元器件，它们外形各异，披着五颜六色的外衣，你将会见到不能吃的面包板、闪亮发光的LED、穿着彩色条纹衣服的电阻等。在制作中，电子元器件以及电路基础知识必须要掌握，否则程序再正确，电路如果错位，也达不到实验效果。

第三章　Arduino编程与硬件制作

有了前两章的基础，本章中我们动手做40多个实验，实验按照以下模块安排讲解，思路清晰，便于学习。

① 所需硬件。在表格中列出制作所需的元器件，并且在表格中插入元器件缩略图，直观明了，不容易出错。

② 硬件电路连接。

③ 电路原理图。

④ 布局图。仿真画法，一目了然。

⑤ 程序设计。程序编写是本书重点，主要利用IDE自带的库文件、函数编写，程序结构简化，便于学习。

⑥ 程序解密。讲解程序中的常见语句用法、用到的库文件和函数等。

⑦ 演示实物。

⑧ 演示视频二维码。手机微信扫一扫，直接观看本制作演示视频。

本书适合 Arduino 编程的入门者和电子制作的爱好者学习，还可以用于校本课程、科技制作等培训。

本书由樊胜民、樊攀、张淑慧编写，张玄烨、张崇、樊茵、李帅等为本书的编写提供了帮助，在此表示感谢。书中电路组装由樊攀完成。

由于编写时间仓促，书中难免有不足之处，恳请读者指正。

读者如果在看书或制作过程中有疑问，可以发邮件至 fsm0359@126.com，也可以加技术指导微信（18636369649）。

编　者

目 录

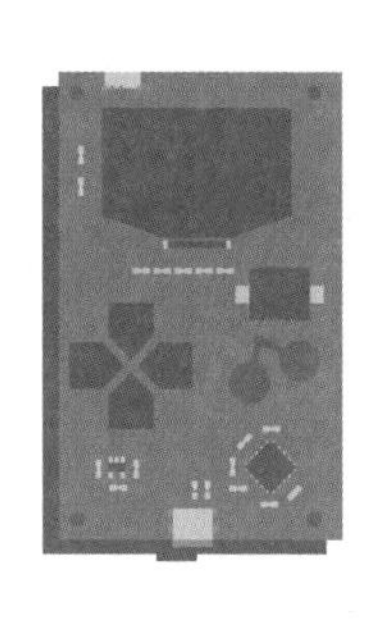

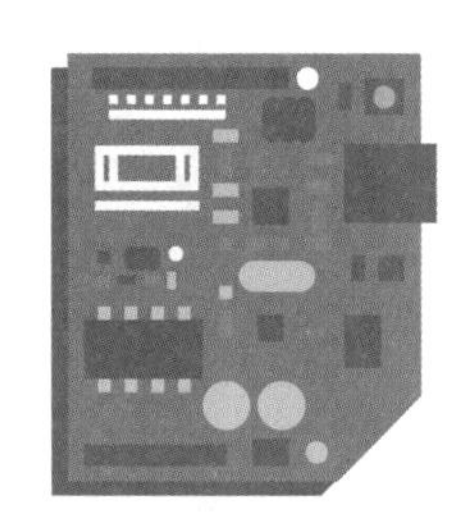

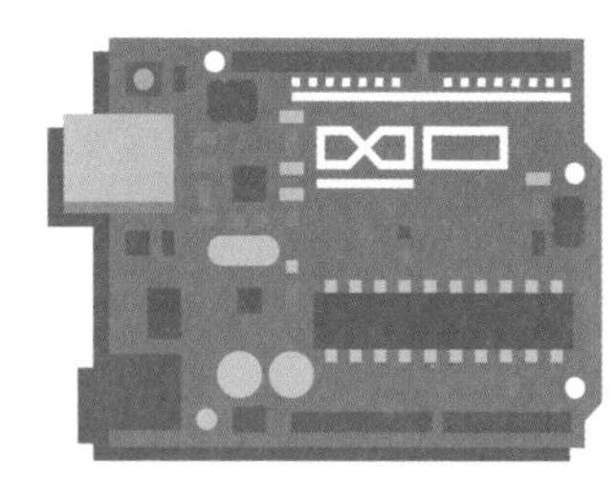

什么是 Arduino

Arduino 主板可以完成很多有趣的实验，它可以接受各种传感器的输入信号，在程序中对检测到的信号发出指令，驱动 LED 或者电机等。本章主要介绍 Arduino 开发平台最基础的知识。

第一节　Arduino 平台简介

Arduino 是一套包含硬件和软件并且开源的电子制作平台，具备 I/O（输入 / 输出）端口。

硬件部分是 Arduino 主板，如图 1-1-1 所示；另一个则是 Arduino IDE 软件，如图 1-1-2 所示，属于编写程序开发环境。在 Arduino IDE 中编写程序代码，校验无误后，将程序上传（下载）到 Arduino 主板的单片机中，程序便会告知 Arduino 主板要做什么工作。

本书主要讲解 Arduino UNO 的使用方法，所有编写的程序都在 Arduino UNO 上进行实验。Arduino 还有其他版本的主板，有兴趣的读者可以通过网络查看这方面的资料，这里不再赘述。

图 1-1-1　Arduino 主板

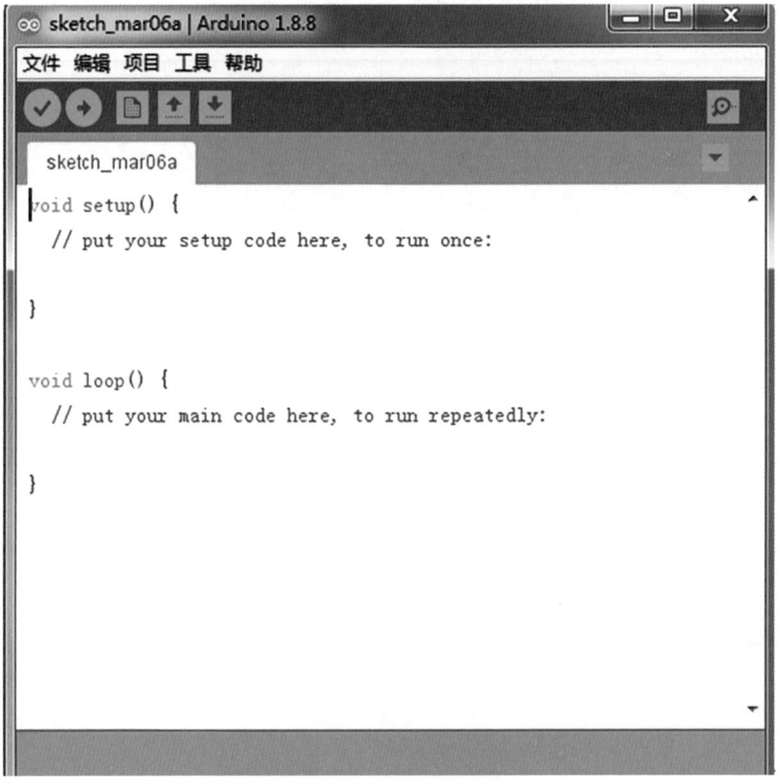

sketch_mar06a | Arduino 1.8.8

文件 编辑 项目 工具 帮助

sketch_mar06a

```
void setup() {
  // put your setup code here, to run once:

}

void loop() {
  // put your main code here, to run repeatedly:

}
```

图 1-1-2　Arduino IDE 软件

第二节　IDE 软件安装

本节演示安装环境：Windows10　64 位操作系统 。

硬件连接：将 USB 线一端连接电脑，另一端连接 Arduino 主板。

安装步骤如下所示。

① 双击下载安装包，如图 1-2-1 所示。

arduino-1.8.8-windows.exe

图 1-2-1　安装包

② 弹出如图 1-2-2 所示的对话框，鼠标点击“是”。

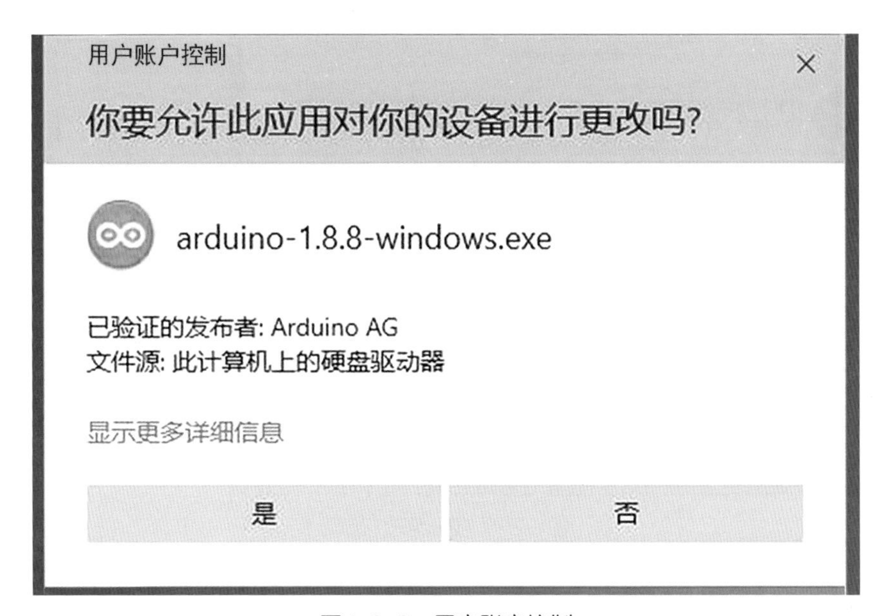

图 1-2-2　用户账户控制

③ 安装开始，点击“I Agree”，如图 1-2-3 所示。

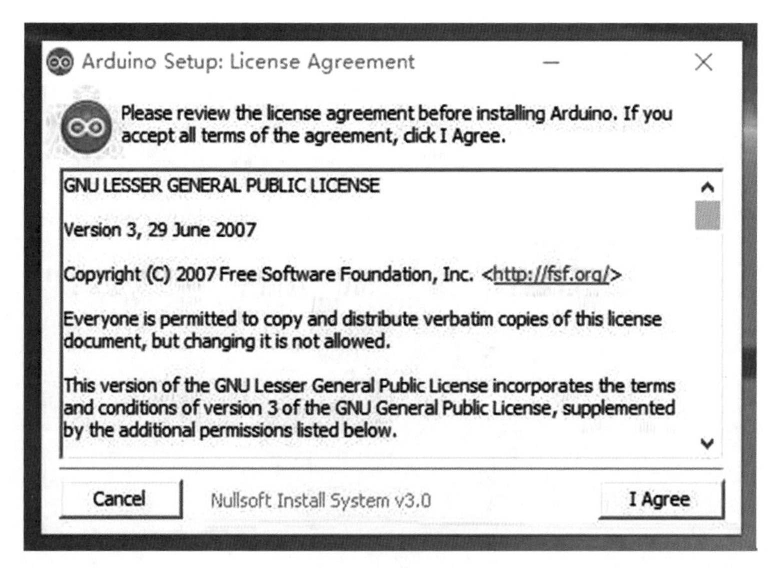

图 1-2-3　安装开始

④ 选择安装选项，如图 1-2-4 所示。一般情况下，默认全选，点击“Next”。

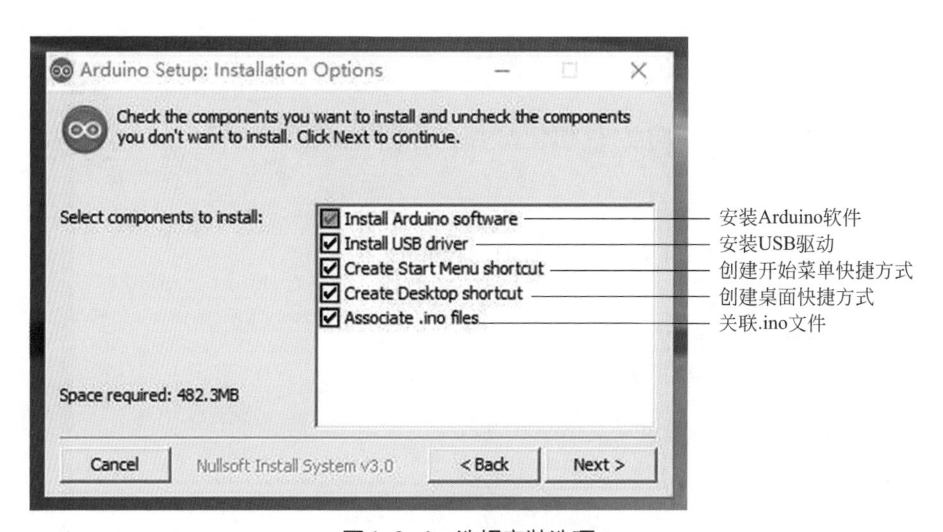

图 1-2-4　选择安装选项

⑤ 选择安装路径，一般选择默认，点击“Install”，如图 1-2-5 所示。

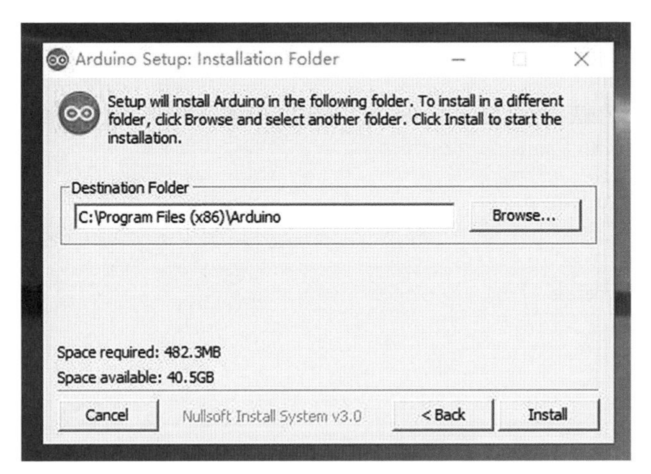

图 1-2-5　选择安装路径

⑥ 程序安装进度，如图 1-2-6 所示。

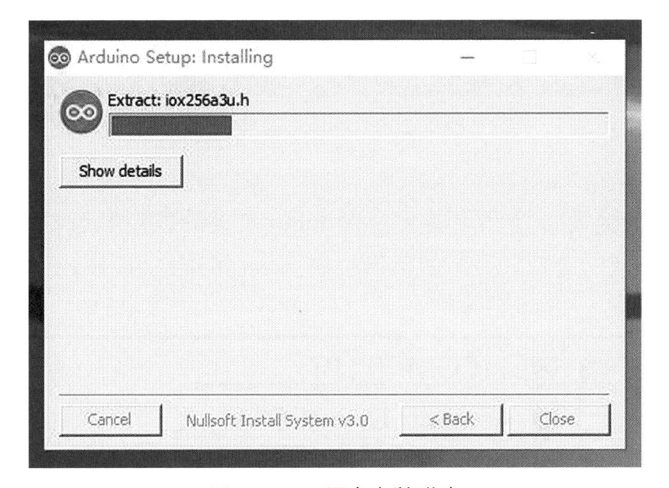

图 1-2-6　程序安装进度

⑦ 安装 USB 驱动，点击“安装”，如图 1-2-7 所示。

图 1-2-7　安装 USB 驱动

⑧ 程序安装完成，点击“Close”，如图 1-2-8 所示。

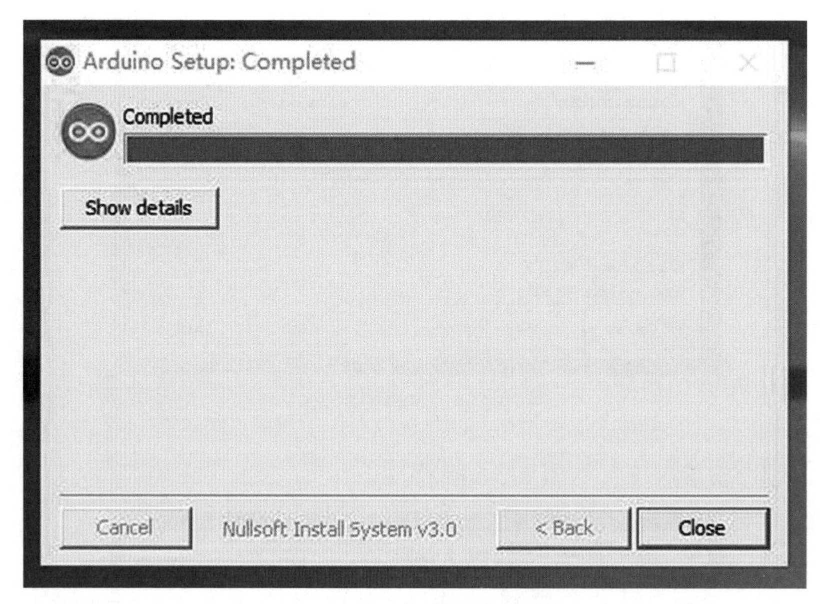

图 1-2-8 程序安装完成

⑨ 点击电脑设备管理器，查看 Arduino 主板的虚拟串口号，串口号是电脑分配的，不同的电脑，显示的串口号数字是不同的，如图 1-2-9 所示。

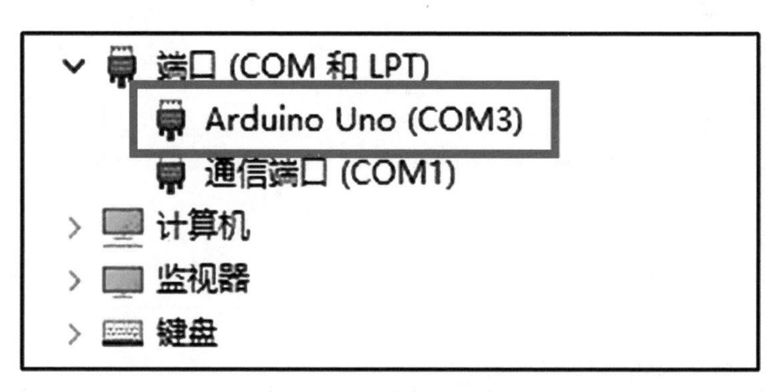

图 1-2-9 虚拟串口号

还有一种 Arduino IDE 软件是下载解压后，直接运行文件中的“arduino.exe”，类似于绿色软件，只要将 Arduino 主板用 USB 线连接到电脑，USB 驱动一般会自动安装，如图 1-2-10 所示。

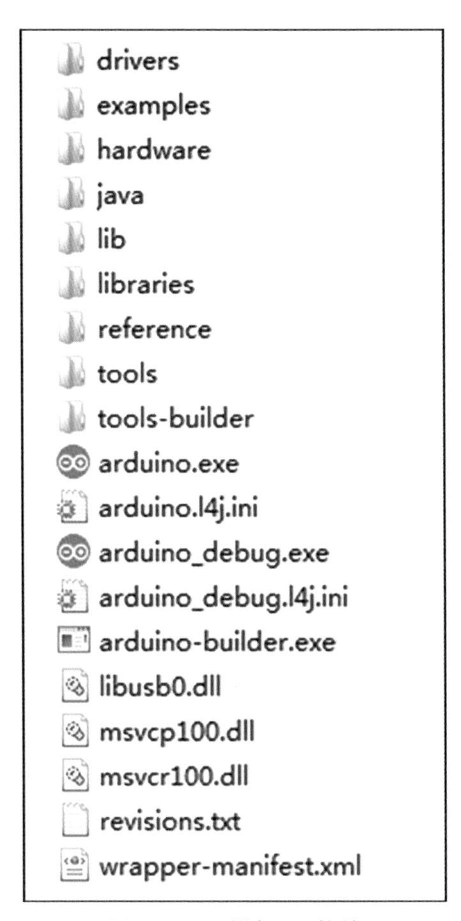

图 1-2-10　绿色 IDE 软件

第三节　Arduino IDE 功能介绍

一、打开程序界面

鼠标双击 ，打开程序界面如图 1-3-1 所示。

（1）菜单栏

① 文件，如图 1-3-2 所示。

最常用是文件打开与保存，在打开 Arduino IDE 时，默认打开最近编辑的程序。

图1-3-1 打开IDE程序界面

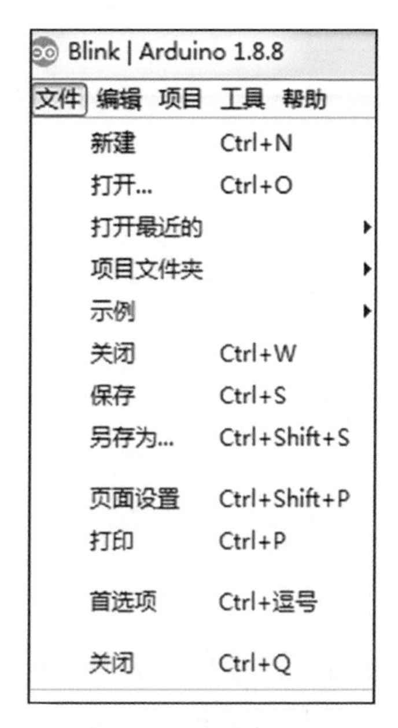

图1-3-2 文件菜单

在“首选项”中，可以设置程序的保存位置、编辑器语言、编辑器字体大小、输出时的详细信息等，如图 1-3-3 所示。

首选项

设置　网络

项目文件夹位置

C:\Users\Administrator\Documents\Arduino　浏览

编辑器语言　System Default　（需要重启 Arduino）

编辑器字体大小　14

界面缩放：☑自动调整　100 %　（需要重启 Arduino）

Theme:　Default theme　（需要重启 Arduino）

显示详细输出：☐编译 ☐上传

编译器警告：　无

☐显示行号

☐启用代码折叠

☑上传后验证代码

☐使用外部编辑器

☑主动缓存以编译的内核

☑启动时检查更新

☑保存时更新项目文件的扩展名（.pde -> .ino）

☑当验证或上传时保存

附加开发板管理器网址：

在首选项中还有更多选项可以直接编辑

C:\Users\Administrator\AppData\Local\Arduino15\preferences.txt

（只能在 Arduino 未运行时进行编辑）

好　取消

图 1-3-3　文件“首选项”设置

② 编辑，如图 1-3-4 所示。

编辑　项目　工具　帮助

复原	Ctrl+Z
重做	Ctrl+Y
剪切	Ctrl+X
复制	Ctrl+C
复制到论坛	Ctrl+Shift+C
复制为 HTML 格式	Ctrl+Alt+C
粘贴	Ctrl+V
全选	Ctrl+A
跳转到行...	Ctrl+L
注释/取消注释	Ctrl+斜杠
增加缩进	Tab
减小缩进	Shift+Tab
增大字号	Ctrl+加号
减小字号	Ctrl+减号
查找...	Ctrl+F
查找下一个	Ctrl+G
查找上一个	Ctrl+Shift+G

图 1-3-4　编辑菜单

常用的编辑选项为复原、重做、剪切、复制、粘贴、全选和查找等。

操作小技巧

快捷方式：复制为Ctrl+C、粘贴为Ctrl+V、全选为Ctrl+A、查找为Ctrl+F。

③ 项目，如图1-3-5所示。

项目 工具 帮助

验证/编译	Ctrl+R
上传	Ctrl+U
使用编程器上传	Ctrl+Shift+U
导出已编译的二进制文件	Ctrl+Alt+S
显示项目文件夹	Ctrl+K
加载库	
添加文件...	

图1-3-5　项目菜单

“验证/编译”选项和工具栏中的编译相同。

“上传”选项是使用Arduino引导装载程序来上传。

④ 工具，如图1-3-6所示。

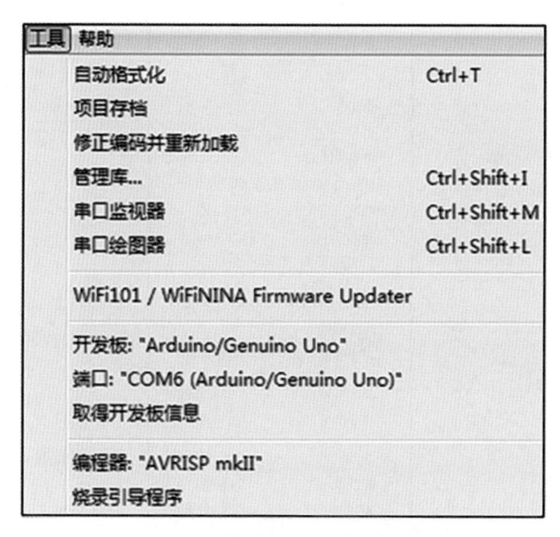

图1-3-6　工具菜单

“自动格式化”选项可以整理代码的格式，包括缩进、括号等，使程序更易读和规范。

“串口监视器”选项非常实用而且是常用的选项，如果要与 Arduino 主板通信，当 Arduino 与电脑的串口波特率相同时，两者才能够进行通信。

“端口”选项选择虚拟的 COM，一般会自动检测的。

“开发板”选项用来选择串口连接的 Arduino 开发板型号。

⑤ 帮助。包括入门、故障排除、常见问题以及访问 Arduino 官方网站的快速链接等。

（2）工具栏

从左到右依次对应验证、上传、新建、打开、保存程序。鼠标放置在相应的图标上，后侧会提示相应的汉字。

为串口监视器。

二、运行示例程序

如图 1-3-7 所示，依次打开“文件”—“示例”—“01.Basics”—“Blink”。

图 1-3-7　打开示例程序

弹出示例程序如下：

```
void setup( )
{
  // initialize digital pin LED_BUILTIN as an output.
  pinMode(LED_BUILTIN, OUTPUT);
}
// the loop function runs over and over again forever
void loop( ) {
  digitalWrite(LED_BUILTIN, HIGH);        // turn the LED on (HIGH is the voltage level)
  delay(1000);                            // wait for a second
  digitalWrite(LED_BUILTIN, LOW);         // turn the LED off by making the voltage LOW
  delay(1000);                            // wait for a second
}
```

点击验证：提示编译完成，如图 1-3-8 所示。

```
编译完成。
项目使用了 930 字节，占用了 (2%) 程序存储空间。最大为 32256 字节。
全局变量使用了9字节，(0%)的动态内存，余留2039字节局部变量。最大为2048字节。
```

图 1-3-8　提示信息

点击上传：提示上传成功，如图 1-3-9 所示。

```
上传成功。
```

图 1-3-9　上传成功提示

编写程序，运行结果是主控板上标注 L 的 LED 点亮 1s，然后熄灭 1s，周而复始。

尝试修改参数，改变闪烁频率，将程序中 delay(1000) 函数中的 1000 修改为 500。再次验证、上传，观察 LED 闪烁效果。如图 1-3-10 所示。

```
void loop() {
  digitalWrite(LED_BUILTIN, HIGH);
  delay(500);
  digitalWrite(LED_BUILTIN, LOW);
  delay(500);
}
```

图 1-3-10　修改参数

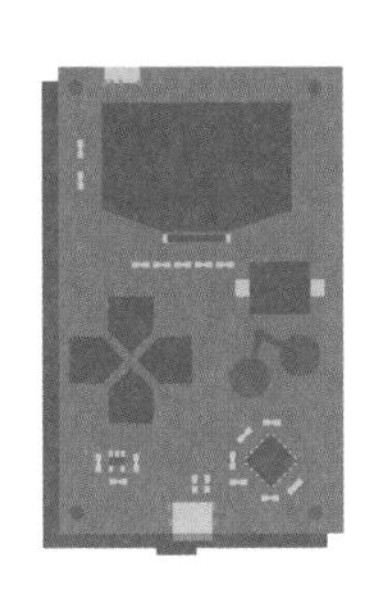

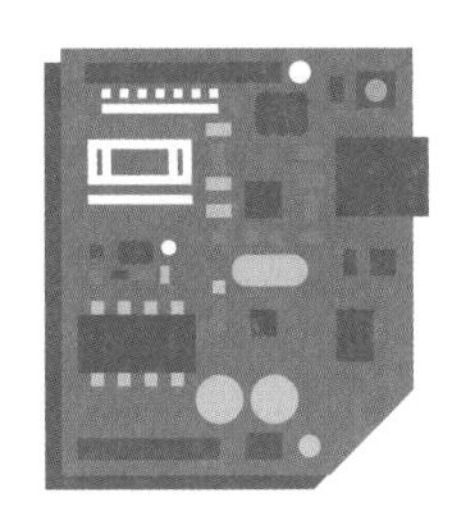

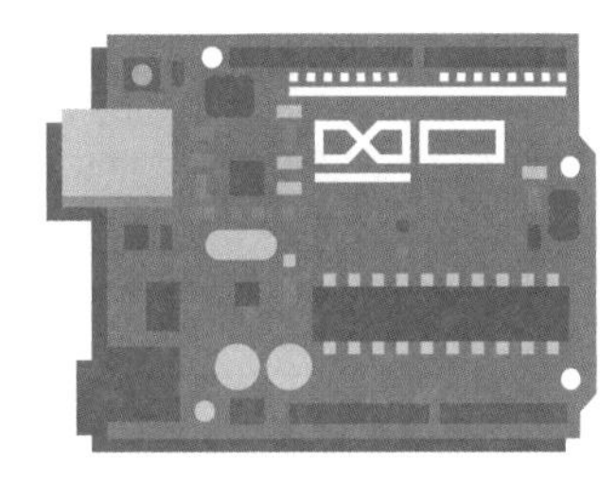

第二章 硬件基础

建筑工人盖楼房要用到砖瓦、水泥等，在电子制作中同样也需要用到各种电子元器件，它们外形各异，身着五颜六色的外衣，有闪亮发光的LED 、穿着彩色条纹衣服的电阻、“能说会道”的小喇叭、控制电流通断的小开关……

第一节 面包板和面包线

一、面包板

面包板是何方神圣也？它可不是为电子爱好者解馋的！

刚开始学习电子制作的初学者，建议用面包板搭建电子制作平台，按照设计的电路图在面包板上插接电子元器件，如果某个元器件错了拔下来重新插接，元器件可以重复利用，最重要的是如果电路实验搭建错误可重新组装，如果电路实验成功可继续下一个电子制作。

常见的面包板有三种：如图 2-1-1 所示，分别是 800 孔、400 孔、170 孔。

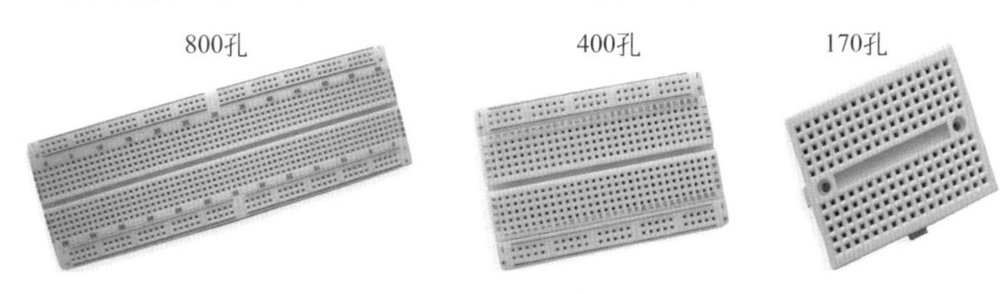

图 2-1-1 面包板

注意

在制作中，尽量采用优质的 800 孔面包板，它面积大，适合做需要元器件多的电子制作。切勿因为选择了劣质的面包板而导致电子制作失败。

面包板内部究竟是什么呢？如图 2-1-2 所示。面包板小孔内含金属弹片，金属弹片的质量好坏直接决定整块面包板的优劣。电子元器件按照一定的规则（电路图）直接插在小孔内，借助面包线完成设计要求，演示制作效果。在面包板上搭建电路，不需要电烙铁，不用担心烧烫伤，可以方便安全地进行入门电子制作。

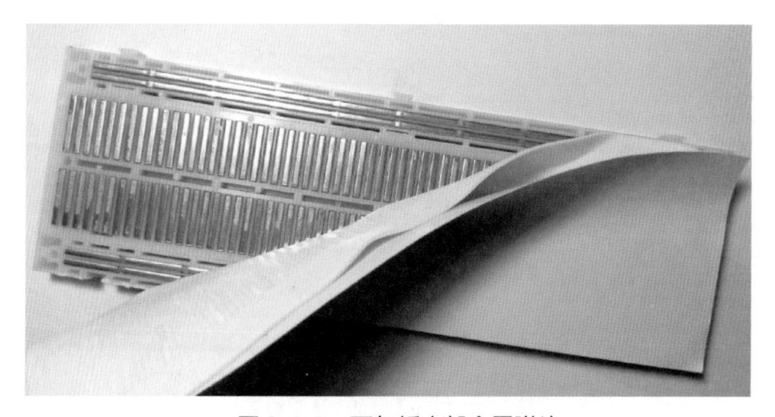

图 2-1-2　面包板内部金属弹片

面包板上下红蓝两条线，是为了便于制作布线，红色线一般接电源的正极，蓝色线接电源的负极。

800 孔面包板内部连线关系如图 2-1-3 所示。

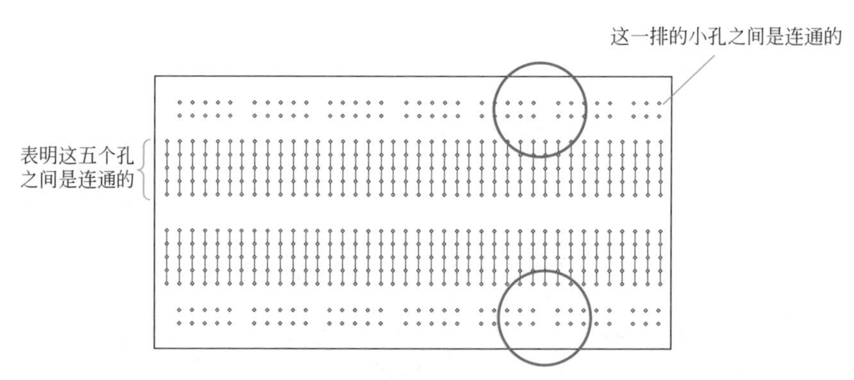
这一排的小孔之间是连通的
表明这五个孔之间是连通的

图 2-1-3　800 孔面包板内部连线关系（有些面包板在图中红色圆圈内是断开的）

二、面包线

面包线的两端有大约 1cm 长的金属针，如图 2-1-4 所示，可以插到面包板的小孔内，与面包板内部的金属弹片相连。

图 2-1-4 面包线

第二节 五颜六色的 LED

如今采用 LED（也叫发光二极管）的产品越来越多，例如 LED 手电筒、汽车大灯、装饰照明、用于宣传的广告屏等，如图 2-2-1 所示。LED 是继爱迪生发明白炽灯之后最伟大的发明之一，节能是它最大的优点。

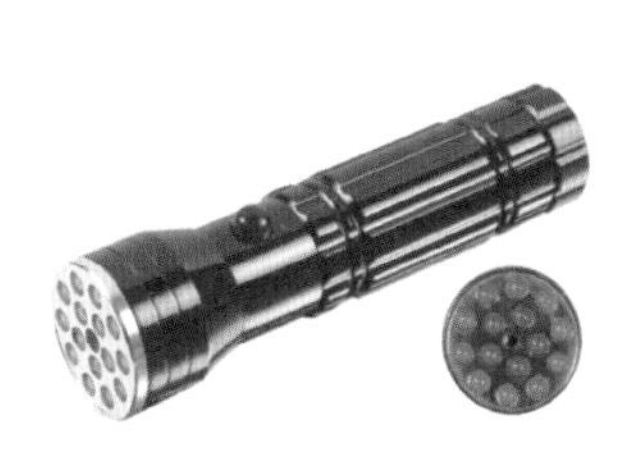
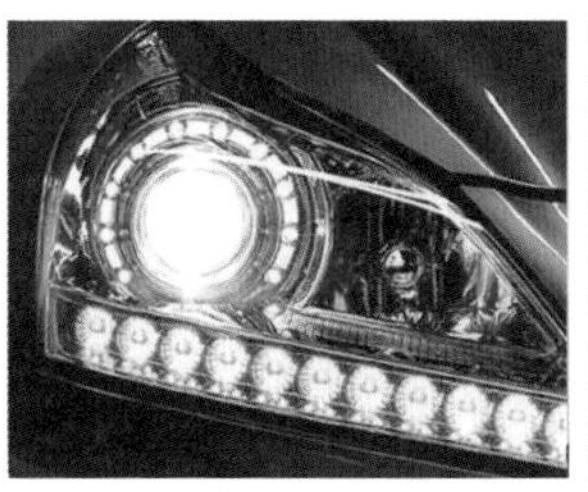

图 2-2-1 LED 的应用

起初 LED 仅作为指示功能，随着 LED 白色光源技术的提高，LED 照明已经大力推广。从图 2-2-2 中可以看出 LED 有两个引脚，并且长短不一。长的引脚是正极，短的引脚是负极。

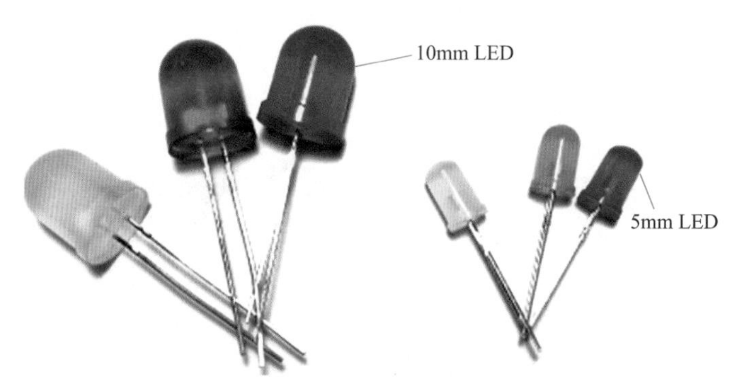

图 2-2-2 LED 外形

LED 的图形符号如图 2-2-3 所示，在电路中用图形符号代替实物 LED。

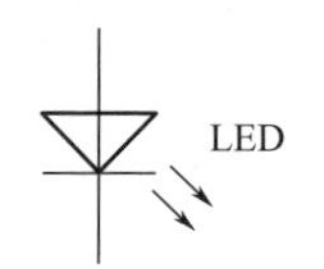

图 2-2-3 LED 图形符号

LED 属于半导体器件，在使用中需要区分正、负极（也可以称为阳极与阴极）。如图 2-2-4 所示。

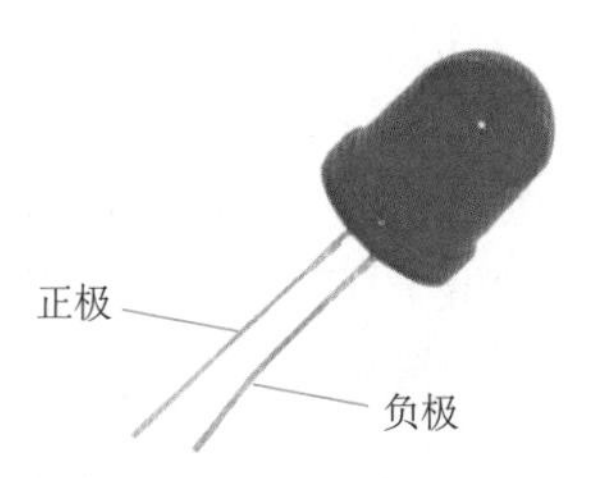

图 2-2-4 LED 的正、负极

第三节 身披彩色条纹的电阻

电阻是电阻器的简称，在电路中的主要作用是“降压限流”，也就是降低电压、限制电流，选择合适的电阻就可以将电流限制在要求的范围内。当电流流经电阻时，在电阻上产生一定的压降，利用电阻的降压作用使较高的电压适应各种电路的工作电压。

电阻如图 2-3-1 所示。

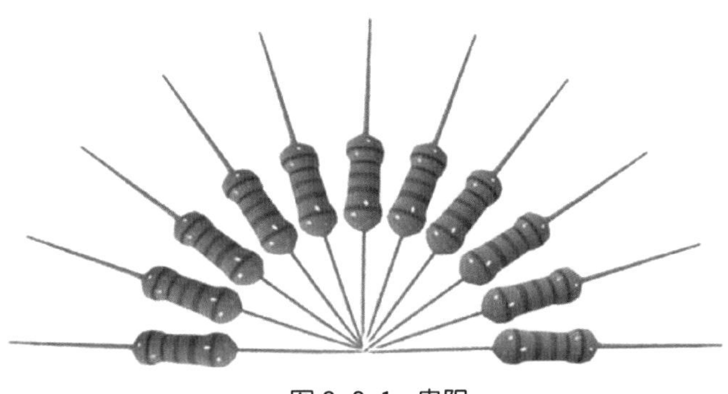

图 2-3-1　电阻

一、固定电阻

固定电阻就是电阻值固定不变的电阻。固定电阻的图形符号如图 2-3-2 所示，用字母 R 表示。

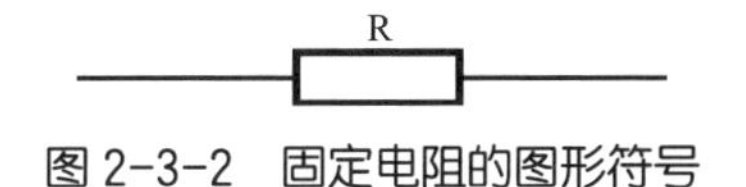

图 2-3-2　固定电阻的图形符号

电阻单位是欧姆（Ω），简称欧，常用的单位还有千欧（kΩ）、兆欧（MΩ）。

它们之间的换算关系如下：

$$1\text{M}\Omega=1000\text{k}\Omega$$

$$1\text{k}\Omega=1000\Omega$$

小功率的电阻一般在外壳上印制有色环，色环代表阻值以及误差。以五色环电阻为例进行讲解，如图 2-3-3 所示。

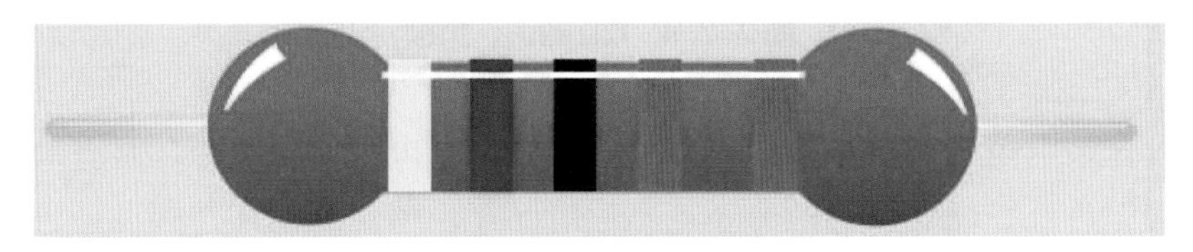

图 2-3-3　五色环电阻

五色环电阻表示方法如下。

色环颜色	第一道色环	第二道色环	第三道色环	第四道色环	第五道色环
黑	0	0	0	10^0 (×1)	—
棕	1	1	1	10^1 (×10)	±1%
红	2	2	2	10^2 (×100)	±2%
橙	3	3	3	10^3 (×1000)	—
黄	4	4	4	10^4 (×10000)	—
绿	5	5	5	10^5 (×100000)	±0.5%
蓝	6	6	6	10^6 (×1000000)	±0.25%
紫	7	7	7	10^7 (×10000000)	±0.1%
灰	8	8	8	10^8 (×100000000)	—
白	9	9	9	10^9 (×1000000000)	—
金	—	—	—	10^{-1}	—
银	—	—	—	10^{-2}	—

对于五色环电阻，前三道色环表示有效数字，第四道色环表示添零的个数（也就是需要乘以 10 的几次方），第五道色环表示误差。计算出阻值的单位是欧姆。

比如一个电阻的色环分别是黄、紫、黑、棕、棕，对应的电阻是 470×10Ω，也就是 4.7kΩ，误差是 ±1%。

大多数电阻多用棕色表示误差，对于五色环电阻，棕色色环是有效色环还是误差色环，就要认真区分了。一般情况下，第四道色环与第五道色环之间的间距稍大，实在不能区分，只能借助万用表测量。

在电子制作中常用的电阻，它的阻值与色环的对应关系如下。

表 2-3-2　常用电阻与色环对应关系

阻值	第一道色环	第二道色环	第三道色环	第四道色环	第五道色环
100Ω	棕	黑	黑	黑	棕
470Ω	黄	紫	黑	黑	棕
1kΩ	棕	黑	黑	棕	棕
4.7kΩ	黄	紫	黑	棕	棕
10kΩ	棕	黑	黑	红	棕
47kΩ	黄	紫	黑	红	棕
100kΩ	棕	黑	黑	橙	棕
200kΩ	红	黑	黑	橙	棕
470kΩ	黄	紫	黑	橙	棕
1MΩ	棕	黑	黑	黄	棕

需要说明的是，本书第三章实物图中采用的电阻全部是五色环电阻，而布局图中由于软件设置问题，呈现给大家的是四色环电阻。

二、可调电阻

与固定电阻相对应的还有可调电阻，它的阻值可变，又称之为可变电阻器。可调电阻的图形符号如图 2-3-4 所示，用字母 RP 表示。

常见的可调电阻外观如图 2-3-5 所示。外观标准 501 代表它的电阻可调范围是 0 ～ 500Ω。

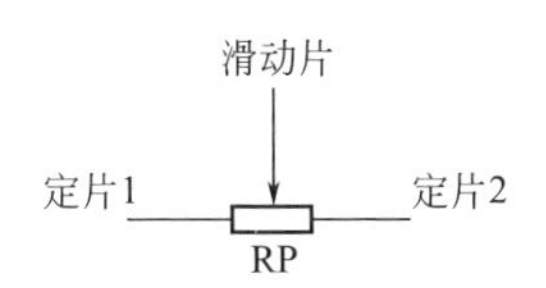

图 2-3-4　可调电阻的图形符号

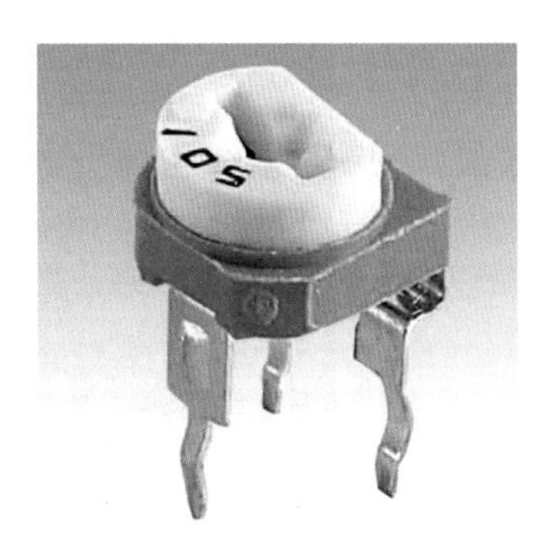

图 2-3-5　蓝白卧式可调电阻

电位器是可调电阻的一种，如图 2-3-6 所示。外观标准 B100K 代表它的电阻可调范围是 0 ～ 100kΩ。

图 2-3-6 电位器

三、光敏电阻

光敏电阻的阻值随光照强弱而改变，对光线比较敏感，光线暗时，阻值升高，光线亮时，阻值降低。智能手机利用光敏电阻实现自动亮度控制，手机设置中的“自动亮度”如图 2-3-7 所示。在使用手机时，在强光下看得更清晰，而光线暗时屏幕不刺眼（屏幕亮度自动降低），这个小小的光敏电阻，能随时根据周围环境光线的强弱调节手机的亮度。图 2-3-8 就是你眼睛的保护神器，同时可以延长电池的使用时间。

图 2-3-7 智能手机“自动亮度”图标

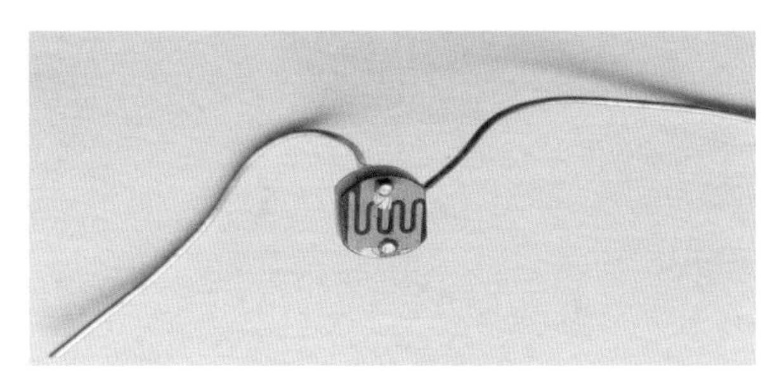

图 2-3-8　光敏电阻

光敏电阻的图形符号如图 2-3-9 所示，用字母 RG 表示。

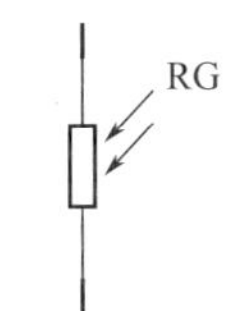

图 2-3-9　光敏电阻的图形符号

第四节　电容和按键

一、电容

电容是电容器的简称，它是一种能充放电的电子元器件，"通交流，隔直流"是电容的特性，在电路中主要起滤波、信号耦合等作用。

常见的电容有独石电容、涤纶电容，这些电容在使用中无极性之分 (也就是在使用中不需要区分正负极)；还有一类电容，需要区分正负极，极性不能搞错，例如：铝电解电容、钽电解电容。

无极性电容图形符号如图 2-4-1 所示，用字母 C 表示。

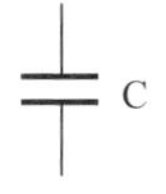

图 2-4-1　无极性电容图形符号

极性电容图形符号多了一个小"+"号，带"+"号的一端是正极，另一端是负极，如图 2-4-2 所示，也用字母 C 表示。

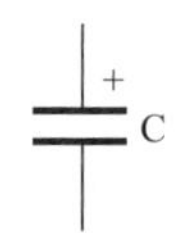

图 2-4-2 极性电容图形符号

电容容量的单位是法拉，简称法（F），但是此单位太大，实际中常用的单位是微法（μF）、纳法（nF）、皮法（pF）。

它们之间的换算关系如下：

$1F=10^6\mu F$

$1\mu F=10^6 pF$

$1nF=10^3 pF$

（1）独石电容

独石电容有耐压值与容量值两个重要参数，必须在低于耐压值的环境下使用，如图 2-4-3 所示。

图 2-4-3 独石电容

图 2-4-3 所示的独石电容的容量不是 105pF，而是 10×10^5pF=1μF，千万不要搞错了！耐压值一般在整包的标签上标注。

（2）电解电容

几乎在所有电路中都有电解电容的身影，外形如图 2-4-4 所示。

图 2-4-4　电解电容

电解电容的耐压值与容量值一般都标注在外壳上，如图 2-4-5 所示。

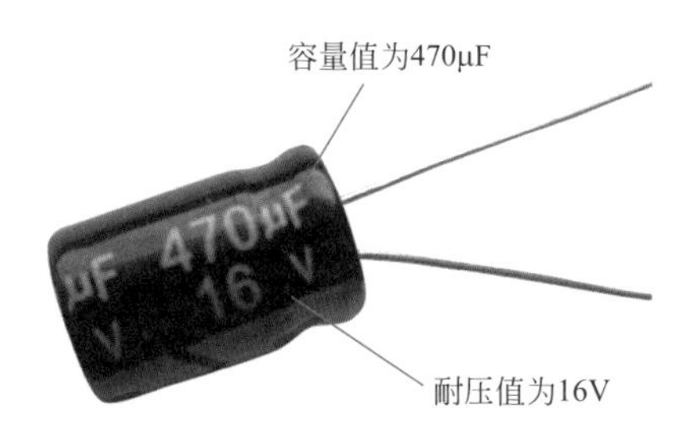

图 2-4-5　电解电容重要参数

电解电容是极性电容，在使用中正极需要接到高电位，负极接低电位，那么不用仪表如何从外观区分电解电容的正负极呢?

对于新购的电容，未使用以前，引脚长的是正极，短的是负极，如图 2-4-6 所示。

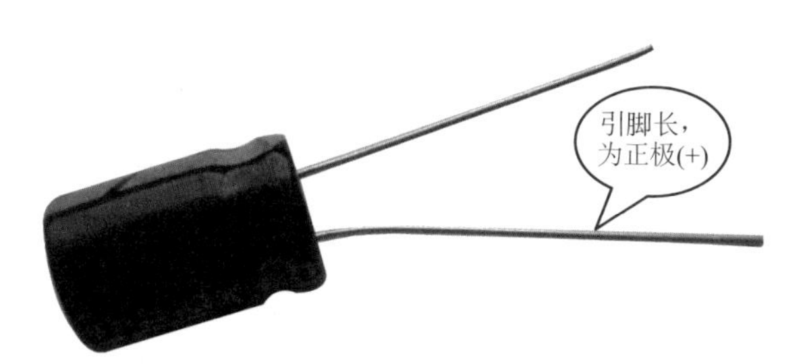

图 2-4-6　电解电容正、负极由引脚长短判别

在外壳上一般也有表明“–”的标志，与之相对应的引脚是电解电容的负极，如图2-4-7所示。

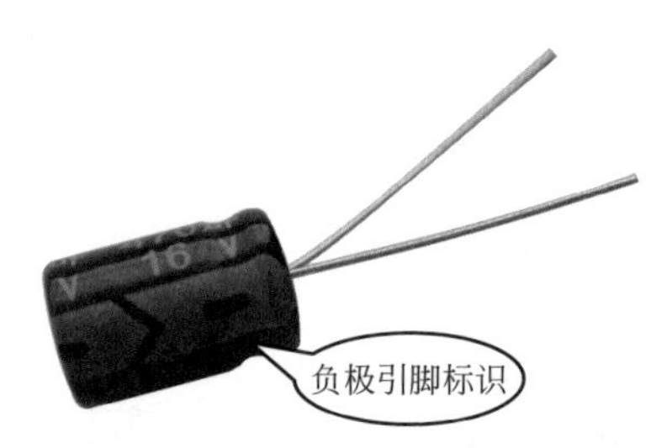

图2-4-7 电解电容负极标识

如果电解电容在使用中极性接反，轻则会使电容漏电电流增加，重则会将电容击穿而损坏。

二、按键

按键也称微动开关，鼠标的左右键就是两个微动开关，按压时导通，不按压时断开。按键有四个引脚与两个引脚两种。

四引脚按键的图形符号如图2-4-8所示，用字母S表示，外观如图2-4-9所示。

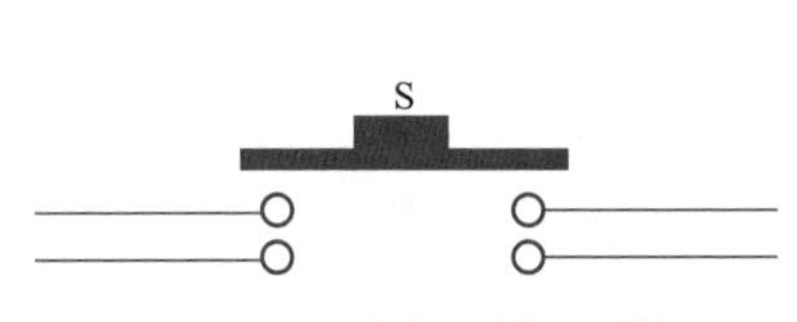

图2-4-8 四引脚按键图形符号

图2-4-9 四引脚按键

第五节 蜂鸣器和扬声器

电磁式蜂鸣器分为有源蜂鸣器与无源蜂鸣器。这里的“源”不是指电源，而是指振荡源。有源蜂鸣器内部带振荡源，所以只要通电就会响；而无源蜂鸣器内部不带振荡源，如果仅用直流信号则无法发出声音，只能用2～5kHz

的方波去驱动它。无源蜂鸣器的驱动方式与扬声器类似，可以播放音乐。

一、有源蜂鸣器

只要加上额定的直流电源,有源蜂鸣器就可以蜂鸣,有源蜂鸣器控制简单,一般用于报警发声、按键提示音等。

家里的电磁炉定时时间到了，是不是有“滴、滴”的提示音呢？发声元件就是蜂鸣器。

蜂鸣器的图形符号如图 2-5-1 所示，用 HA 表示。

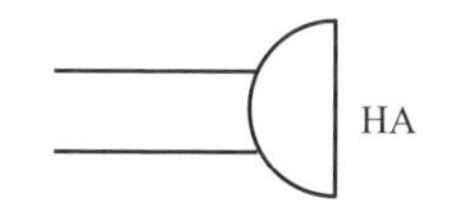

图 2-5-1　蜂鸣器的图形符号

蜂鸣器有两个引脚，在使用中需要区分正负极。图 2-5-2 是有源蜂鸣器，长的引脚是正极。

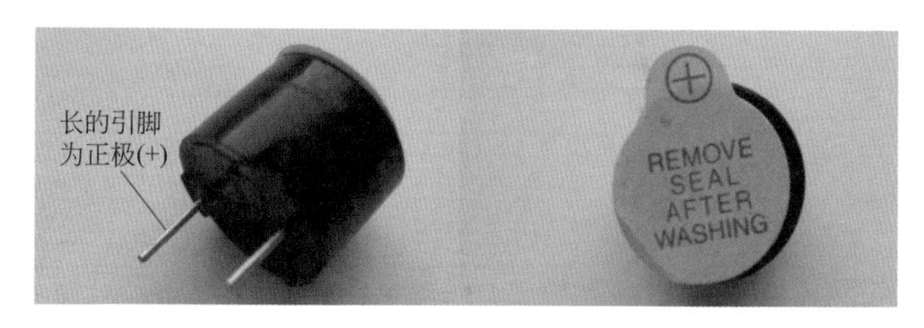

图 2-5-2　有源蜂鸣器

二、扬声器

扬声器就是喇叭，它的主要作用是将电信号转换为声音信号。本书中扬声器的正反面分别如图 2-5-3、图 2-5-4 所示。

图 2-5-3　扬声器的正面

图 2-5-4 扬声器的反面

扬声器一共有两个引脚，在实验中常用的扬声器功率是 0.5W。扬声器的图形符号如图 2-5-5 所示，用字母 BL（或 BP）表示。

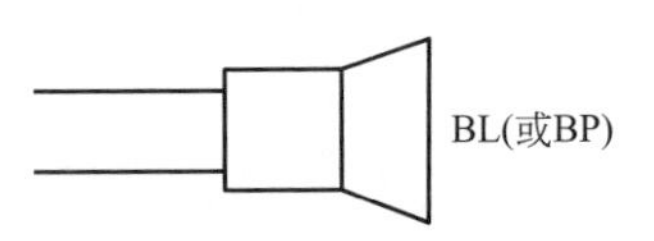

图 2-5-5 扬声器的图形符号

第六节 Arduino UNO 主板

Arduino UNO 主板示意图见图 2-6-1，具体功能介绍如下。

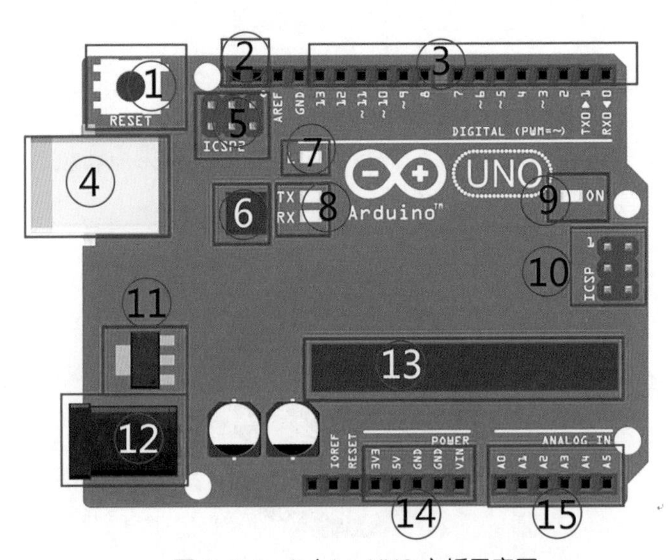

图 2-6-1 Arduino UNO 主板示意图

① 复位按键

按下复位按键，程序从头开始，相当于电脑重启。

② TWI 接口

I^2C 接口，用于连接具备 I^2C 协议的模块。

③ 数字输入 / 输出接口

其中 3、5、6、9、10、11 具备 PWM 功能。

④ USB 电源接口

通过 USB 接口供电，同时与电脑之间进行串口通信，编写完毕的程序就是通过它下载到单片机中的。

⑤ 烧写程序接口

给 Atmega16u2 下载程序，一般不用。

⑥ Atmega16u2 单片机

主要作用是将 USB 转换为串口，实现数据通信。

⑦ 可编程 LED

该 LED 的正极与数字接口 13 引脚相连接。当 13 引脚为高电平时，LED 点亮；当 13 引脚为低电平时，LED 熄灭。刚开始学习 Arduino 的第一个程序就是控制 LED 的点亮或者闪烁。

⑧ 串口发送 / 接收指示灯

TX：串口发送指示灯，当 Arduino 向电脑传输数据时，点亮。

RX：串口接收指示灯，当 Arduino 接收电脑传来的数据时，点亮。

⑨ 电源指示

ON: 电源指示灯，主板上电就点亮。

⑩ 烧写程序接口

给 Atmega328p 下载程序，作为 Arduino 主板的一些固有程序，一般不用。

⑪ 稳压芯片

将输入的电压稳定为 5V。

⑫ 外接电源接口

通过 DC 电源输入供电，供电电压为 6.5 ～ 9V。

⑬ Atmega328p 单片机

Arduino 主板的核心元件，程序编写完毕并下载，就是下载到它里面，然后按照要求工作。

⑭ 电源接口

3V3 输出电源接口：可以给外接模块等提供 3.3V 电压。

5V 输出电源接口：可以输出 5V 电压。

GND：电源负极。

VIN 输入电源接口：与 DC 电源接口相连接。

⑮ 模拟接口

用于接收模拟量信号。

一些不常用的接口介绍如下。

AREF：模拟输入参考电压输入端口，一般不用。

IOREF：与主板 5V 连接，用于检测输入或者输出端口电压的工作状态，告诉其他设备该主板的工作电压是 5V。

RESET：功能与复位按键一样，之所以这样做，是因为如果不方便操作复位按键时，可以外接一个设备编写程序来实现自动复位功能。

第七节　电路图

通过电路图可以详细了解电路的工作原理，电路图是分析电路性能、组装电子制作的主要设计文件，电路图由元器件图形符号以及连接导线组成。

本书中的电路原理图使用 Altium Designer 9.0 绘制。

一张完整的电路图应包括标题、导线、元器件（电阻、电容等）、元器件编号、元器件型号（或者规格）。

在画电路图时不可避免两条导线交叉需要注意什么呢？请观察图 2-7-1、图 2-7-2 中两条导线交叉有什么区别？

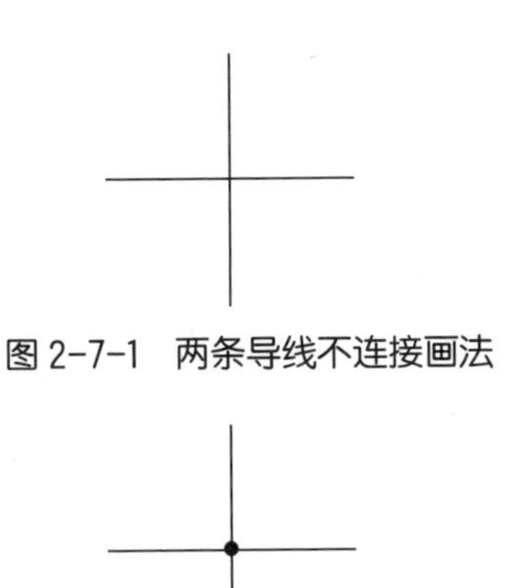

图 2-7-1　两条导线不连接画法

图 2-7-2　两条导线连接画法（中间有一个实心的圆点）

图 2-7-3 是点亮 LED 电路图。

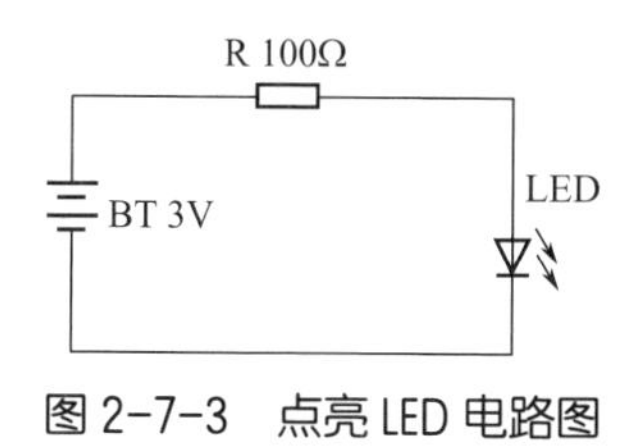

图 2-7-3 点亮 LED 电路图

画电路图的注意事项如下。

① 元器件分布要均匀。

② 整个电路图最好呈长方形，导线要横平竖直，有棱有角。

③ 在电路图中一般将电源的正极引线安排在元器件的上方，负极引线安排在元器件的下方。

第三章

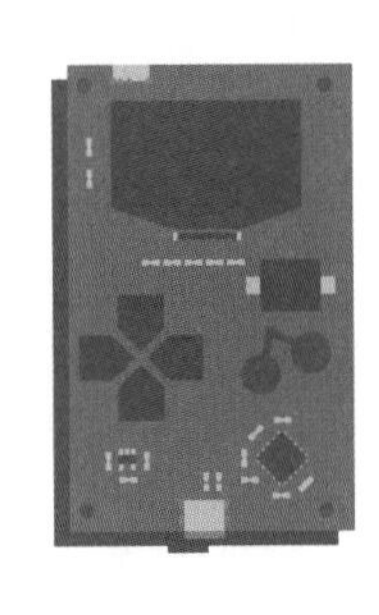
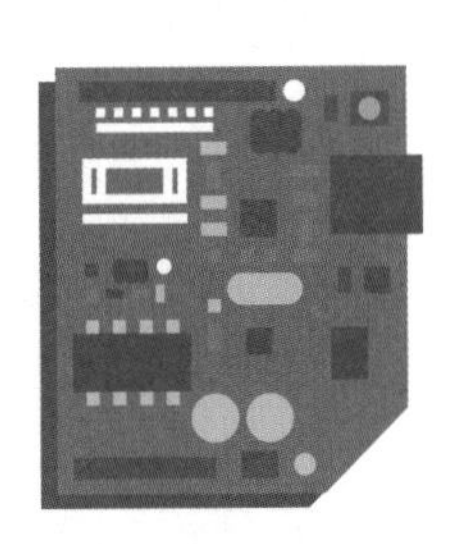
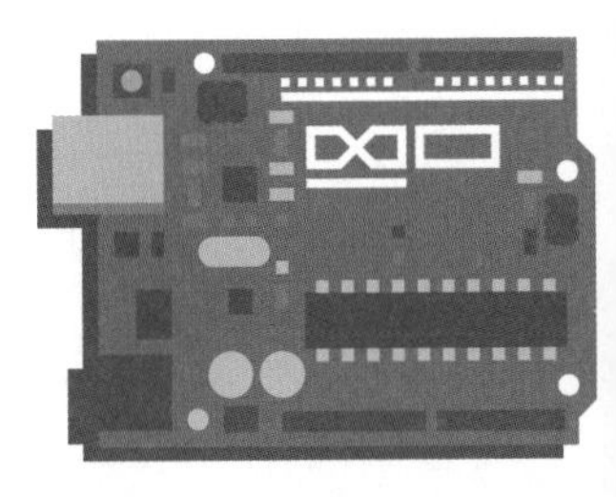

Arduino 编程与硬件制作

通过前面章节的学习，我们已经初步了解了硬件电路与编程的基础知识，本章循序渐进，深入浅出地讲解了几十个 Arduino 的入门经典制作实例，在每个制作中所用的硬件都列出了直观的缩略图，还有详细的程序解密、演示实物、演示视频二维码等，这些都是为初学者轻松掌握 Arduino 而设计的。

第一节　闪烁 LED

单片机（Atmega328p 就是一款单片机）既能输出高电平，也能输出低电平，高电平指 +5V，低电平指 0V（GND）。发光二极管 LED 两端如果长时间接在 5V 电压环境下，极可能烧坏，解决办法就是在电路中串接电阻，电阻阻值的大小根据欧姆定律计算，比如 LED 的工作电压是 2V，电流 20mA，电阻 R=(5−2)V/0.02A=150Ω，150Ω 电阻是非标的，电路中串联 220Ω 电阻，LED 即可平安无事，放心地工作了。如图 3-1-1 所示，开关引脚 2、3 连接，LED 没有电流通过，LED 熄灭；开关引脚 1、2 连接，LED 有电流通过，LED 点亮。电路图中 ⊥ 表示接电源的负极。

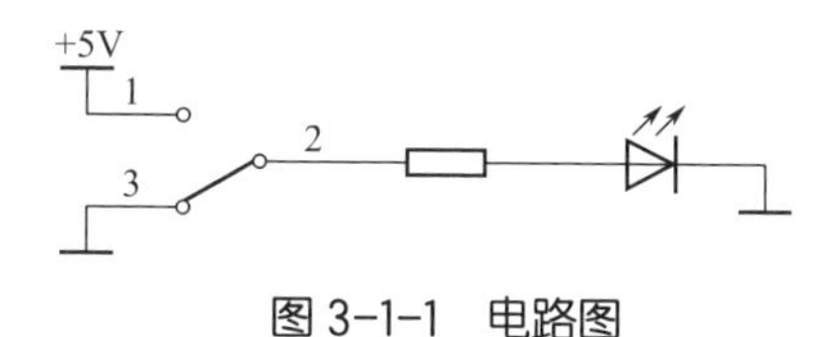

图 3-1-1　电路图

动手实验一　Arduino 点亮第一个 LED

实现功能：点亮 pin 2 所接的 LED。

（1）所需硬件

名称	数量	图示
电阻 220Ω	1	
LED 5mm（红）	1	

（2）硬件电路连接

Arduino	功能
5V	电源正极
GND	电源负极
D2	数字接口

（3）布局图

如图 3-1-2 所示。

图 3-1-2　布局图

（4）程序设计

```
/*******************************************************************
硬件说明：LED 的正极通过 220Ω 电阻接到 pin 2，LED 的负极与 Arduino 主板 GND 相连。
*******************************************************************/
  ①
int led = 2;                    // 定义变量 led 连接 pin 2。
void setup( )                     ②
{          ④            ③
  pinMode(led, OUTPUT);         // 端口配置。
}          ⑤
void loop( )  ← ⑥
{              ⑦
  digitalWrite(led, HIGH);      // pin 2 输出高电平，即 +5V。
}
```

（5）程序解密

上面程序说明如下。

① int led = 2;“led” 一般起能代表编程对象的名字，注意不要与 C 语言中的关键字相同，例如 main，它在 C 语言发明的时候就被占用了。led 是变量，在后续的编程中用 led 代替 2 这个整数。int 是变量的类型，它可以表示一个在 -32768 ～ 32768 之间的整数。

② “//”之后的文字是对程序的解释与说明，在程序进行编译时，解释部分不参与编译，仅供便于阅读程序，在编写程序时，要养成程序注释的习惯。如果程序有多行说明，则用 /* 文字 */ 的形式。

③ 编写程序用分号表示一句结束。

④ setup( ) 函数

格式：setup( ){ }

作用：初始化变量、引脚输入输出以及串口配置。

⑤ pinMode( ) 函数

格式：pinMode(pin, OUTPUT/INPUT)

例如：pinMode(led, OUTPUT); 将 pin 2 配置为输出模式。

⑥ loop( ) 函数

格式：void loop( ){ }

作用：重复执行大括号内的语句。

⑦ digitalWrite( ) 函数

格式：digitalWrite(pin,HIGH/LOW)

（6）演示实物

如图 3-1-3 所示。

图 3-1-3　实物图

（7）演示视频二维码

动手实验二　面包板上闪烁跳跃的 LED

实现功能：LED 闪烁。

所需硬件、硬件电路连接、布局图参照动手实验一。

（1）程序设计

/***

硬件说明：LED 的正极通过 220Ω 电阻接到 pin 2，LED 的负极与 Arduino 主板 GND 相连。

***/

```
int led = 2;                    //定义变量 led 连接 pin 2。
void setup( )
{
  pinMode(led, OUTPUT);      //端口配置。
}
```

```
void loop( )
{
  digitalWrite(led, HIGH);        // pin 2 输出高电平，即 +5V，点亮 LED。
  delay(1000);                    // 等待 1s。
  digitalWrite(led,LOW);          // pin 2 输出低电平，即 0V，熄灭 LED。
  delay(1000);                    // 等待 1s。
}
```

（2）程序解密

delay( ) 函数

例如：delay(1000)，即等待 1s。

程序中以下四条语句实现 LED 点亮 1s，熄灭 1s，又因为在 loop( ) 函数中，效果就是无止境闪烁，修改 delay( ) 函数中的数字，可以实现等待时间的改变。

```
digitalWrite(led, HIGH);
delay(1000);
digitalWrite(led,LOW);
delay(1000);
```

动手修改延时函数括号中的数字，尝试使 LED 点亮与熄灭的时间不等，观察效果。

例如：

```
digitalWrite(led, HIGH);
delay(500);
digitalWrite(led,LOW);
delay(100);
```

（3）演示视频二维码

动手实验三 会变化闪烁节奏的 LED

实现功能：LED 闪烁频率变化。

所需硬件、硬件电路连接、布局图参照动手实验一。

（1）程序设计

```
/*****************************************************************
硬件说明：LED 的正极通过 220Ω 电阻接到 pin 2，LED 的负极与 Arduino 主板 GND 相连。
*****************************************************************/
int led = 2;                    // 定义变量 led 连接 pin 2。
int num = 100;                  // 定义变量 num 并且初始值为 100。
void setup( )
{
  pinMode(led, OUTPUT);         // 端口配置。
}
void loop( )
{
  digitalWrite(led, HIGH);      // pin 2 输出高电平，即 +5V，点亮 LED。
  delay(num);                   // 延时。
  digitalWrite(led, LOW);       // pin 2 输出低电平，即 0V，熄灭 LED。
  delay(num);                   // 延时。
  num = num + 100;              // 运行一次加 0.1s。
  if (num >= 2000)              // 当大于 2000 时，程序跳转至大括号。
  {
    num = 100;                  // 重新赋值 100。
  }
}
```

（2）程序解密

① num = num + 100;

程序每循环一次，加 100。

② if 语句

格式一：

if（表达式）{语句 1；语句 2；}

运行步骤：如果表达式为“真”，则执行语句 1 和语句 2；如果为“假”，则跳过语句 1 与语句 2，执行其他程序。

格式二：

if（表达式）{语句 1；语句 2；}
else{语句 3；语句 4；}

运行步骤：如果表达式为“真”，则执行语句 1 和语句 2；如果为“假”，则执行语句 3 与语句 4。

③ 运算符

符号	说明	举例
<	小于	a < b
>	大于	a > b
< =	小于或等于	a < =b
> =	大于或等于	a > =b
= =	等于	a= =b
！ =	不等于	a！ =b

（3）演示视频二维码

第二节　花样 LED

流星划过夜空，你在默默许愿的同时，是不是也在想，能否通过学习电子制作来模拟实现这种效果呢？一起行动，寻找流星的感觉。

动手实验一　Arduino 制作流水灯带

实现功能：4 个 LED 轮流点亮。

（1）所需硬件

名称	数量	图示
电阻 220Ω	4	
LED 5mm（红）	4	

（2）硬件电路连接

Arduino	功能
5V	电源正极
GND	电源负极
D2	数字接口（LED2）
D3	数字接口（LED3）
D4	数字接口（LED4）
D5	数字接口（LED5）

（3）电路原理图

如图 3-2-1 所示。

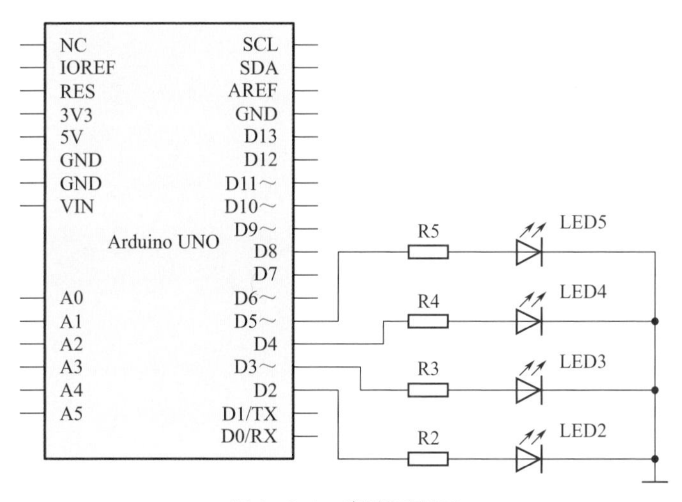

图 3-2-1　电路原理图

（4）布局图

如图 3-2-2 所示。

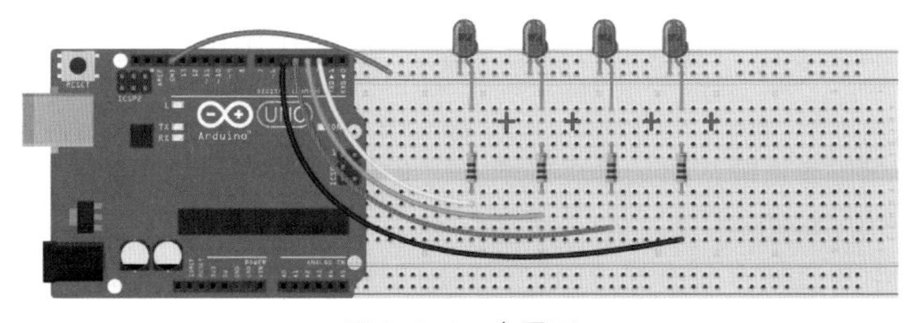

图 3-2-2　布局图

（5）程序设计

```
/*******************************************************************
硬件说明：4个LED的正极分别串联220Ω电阻并连接至pin2、pin3、pin4、pin5。
*******************************************************************/
int led2 = 2;                    // 定义 LED 引脚。
int led3 = 3;                    // 定义 LED 引脚。
int led4 = 4;                    // 定义 LED 引脚。
int led5 = 5;                    // 定义 LED 引脚。
void setup( )                    // 将 LED 引脚设置为输出。
{
  pinMode(led2, OUTPUT);
  pinMode(led3, OUTPUT);
  pinMode(led4, OUTPUT);
  pinMode(led5, OUTPUT);
}
void loop( )
{
  digitalWrite(led2, HIGH);      // 点亮 LED2。
  delay(1000);                   // 延时 1s。
  digitalWrite(led2, LOW);       // 熄灭 LED2。
  digitalWrite(led3, HIGH);      // 点亮 LED3。
  delay(1000);                   // 延时 1s。
  digitalWrite(led3, LOW);       // 熄灭 LED3。
  digitalWrite(led4, HIGH);      // 点亮 LED4。
  delay(1000);                   // 延时 1s。
  digitalWrite(led4, LOW);       // 熄灭 LED4。
  digitalWrite(led5, HIGH);      // 点亮 LED5。
  delay(1000);                   // 延时 1s。
  digitalWrite(led5, LOW);       // 熄灭 LED5。
}
```

上面的写法正确，但是有点繁琐，接下来使用 for 语句完成同样的效果。

（6）程序解密

程序中的语句在前面都使用过，采用 4 个 LED，依次点亮 1s，熄灭 1s，周而复始。

程序中仅仅使用 4 个 LED，在 loop( ) 函数中就编写了 12 条语句，如果采用 8 个 LED，会使程序编写冗长。采用 for( ){　} 可以大大简化程序。

（7）演示实物

如图 3-2-3 所示。

图 3-2-3　实物图

（8）演示视频二维码

动手实验二　化繁为简—学习 for 语句

所需硬件、硬件电路连接、布局图参照动手实验一。

（1）程序设计

```
/**********************************************************************
硬件说明：4 个 LED 的正极串联 220Ω 电阻连接至 pin 2、pin 3、pin 4、pin 5。
**********************************************************************/
int ledpin[ ] = {2, 3, 4, 5};          //定义 LED 引脚。
void setup( )                          //将 LED 引脚设置为输出。
{
  for (int x = 0; x < 4; x++)          //通过 for 语句将相应的 I/O 设置为输出模式。
  {
```

```
    pinMode(ledpin[x], OUTPUT);
  }
}
void loop( )
{
  for (int y = 0; y < 4; y++)             // 循环点亮 LED，等待 1s；熄灭 LED，等待 1s。
  {
    digitalWrite(ledpin[y], HIGH);        // 点亮 LED。
    delay(1000);                          // 延时 1s。
    digitalWrite(ledpin[y],LOW);          // 熄灭 LED。
    delay(1000);                          // 延时 1s。
  }
}
```

（2）程序解密

① 数组

数组，就是一组数据的集合，数组分为一维数组、二维数组、三位数组和多维数组。

一维数组格式：

数据类型说明　数组名 [数量]={ 数值 1，数值 2}；

[数量] 一般不填，编译器自动计算。

举例　unsigned char table[ ]={0xfe,0xfd,0xfb};

table 是数组名，0xfe,0xfd,0xfb 是数值。

使用数组注意事项：
大括号内数值之间用逗号；
语句结束加上分号；
数组名后面中括号里的数字是从 0 开始的，对应后面大括号里的第 1 个元素。

例如：

```
int ledpin[ ] = {2, 3, 4, 5};
ledpin[0]=2
```

② for 语句

格式：for（表达式 1；表达式 2；表达式 3）

```
{
语句；（内部可以为空）
}
```

运行步骤：

第一步：求解表达式 1；

第二步：求解表达式 2，若其值为真（非 0 即真），则执行 for 中的语句，然后求解表达式 3；否则跳出 for 语句，不执行表达式 3。

重复步骤二。

三个表达式之间用分号隔开。

三个表达式位置不能互换。

举例说明

以下是一个简单的延时函数

```
for (i=2;i>0;i--);
```

第一步：执行 i=2；

第二步：2>0，执行 for 中的语句，因为 for 中的语句为空，所以什么也不执行；

第三步：i-- = i-1 =2-1=1；

第四步：跳到第二步，1 > 0，执行 for 中的语句为空，所以什么也不执行；

第五步：1-1=0；

第六步：跳到第二步，0 > 0 条件不成立；结束 for 语句。

（3）演示视频二维码

动手实验三　花样呈现流水灯效果

所需硬件、硬件电路连接、布局图参照动手实验一。

（1）程序设计

/***

硬件说明：4 个 LED 的正极分别串联 220Ω 电阻并连接至 pin 2、pin 3、pin 4、pin 5。

***/

```
int ledpin[ ] = {2, 3, 4, 5};              //定义LED引脚。
void setup( )                              //将LED引脚设置为输出。
{
  for (int x = 0; x < 4; x++)              //通过for语句将相应的I/O设置为输出模式。
  {
    pinMode(ledpin[x], OUTPUT);
  }
}
void loop( )
{
  flash( );
}
void flash( )
{
  for (int x = 0; x < 4; x++)              //通过for语句将相应的I/O设置为输出模式。
  {
    digitalWrite(ledpin[x], LOW);  //程序运行开始确保每个LED处于熄灭状态。
  }
  for (int y = 0; y < 4; y++)              //通过循环的方式依次让每个引脚的LED在0.2s内发光。
  {
    digitalWrite(ledpin[y], HIGH);
    delay(200);
  }
  for (int z = 3; z >= 0; z--)             //通过循环的方式依次让每个引脚的LED在0.2s内熄灭。
  {
    digitalWrite(ledpin[z], LOW);
    delay(200);
  }
  for (int y = 0; y < 4; y++)
  {
    digitalWrite(ledpin[0], HIGH);
    digitalWrite(ledpin[2], HIGH);
    digitalWrite(ledpin[1], LOW);
    digitalWrite(ledpin[3], LOW);
    delay(200);
    digitalWrite(ledpin[1], HIGH);
```

```
      digitalWrite(ledpin[3], HIGH);
      digitalWrite(ledpin[0], LOW);
      digitalWrite(ledpin[2], LOW);
      delay(200);
    }
}
```

（2）程序解密

loop( ) 函数中语句冗长的时候，可以自定义函数，放在 loop( ) 函数之外，例如本例中 flash( ) 函数，“flash”是自己起的名字，最好一看到就清楚这个函数的作用，“flash”汉语翻译为“闪烁”，使用时直接调用即可。

```
void flash( )
{
for 语句 1 实现 在程序运行开始所有 LED 处于熄灭状态
for 语句 2 实现 依次点亮 LED
for 语句 3 实现 依次熄灭 LED
for 语句 4 实现 LED 间隔闪烁 4 次
}
```

（3）演示视频二维码

第三节　交通信号红绿灯

过马路的时候，需要注意“红灯停、绿灯行”，你知道红绿灯为什么一会儿红，一会儿绿吗？现在跟着我一起模拟制作一个小“红绿灯”。

动手实验　交通红绿灯

实现功能：先让绿灯点亮 10s，闪烁 3 次，黄灯点亮 3s，红灯点亮 10s，一直循环。

（1）红绿灯模块介绍

如图 3-3-1 所示。

图 3-3-1　红绿灯模块

红、黄、绿三个 LED 分别焊接在电路板上，它们的负极连接在一起，有 4 个引脚，分别对应红、黄、绿三个 LED 的正极与公共负极。

（2）硬件电路连接

Arduino	功能	红绿灯模块	功能
D8	数字接口	GND	负极
D9	数字接口	R	红色 LED
D10	数字接口	Y	黄色 LED
D11	数字接口	G	绿色 LED

（3）程序设计

```
/***********************************************************************
硬件说明：模块 GND 接 pin 8、R（红 LED）接 pin 9、Y（黄 LED）接 pin 10、G（绿 LED）接 pin 11。
***********************************************************************/
void setup( )
{
  pinMode(8, OUTPUT);          //配置引脚为输出模式。
  pinMode(9, OUTPUT);          //配置引脚为输出模式。
  pinMode(10, OUTPUT);         //配置引脚为输出模式。
  pinMode(11, OUTPUT);         //配置引脚为输出模式。
}
```

```
void loop( )
{
  digitalWrite(8, LOW);
  digitalWrite(11, HIGH);
  delay(10000);
  for (int i = 0; i < 3; i++)
  {
    digitalWrite(11, HIGH);
    delay(1000);
    digitalWrite(11, LOW);
    delay(1000);
  }
  digitalWrite(10, HIGH);
  delay(3000);
  digitalWrite(10, LOW);
  delay(100);

  digitalWrite(9, HIGH);
  delay(10000);
  digitalWrite(9, LOW);
  delay(100);
}
```

（4）程序解密

将 pin 8 设置为 LOW，等同于接电源负极。

程序大部分语句都是前面学过的，可自行理解。

数字引脚输出模板参考如下：

```
int pin( 变量自定 )=1（根据硬件电路修改）;
void setup( )
{
  pinMode(pin,HIGH);
}
void loop( )
{
执行语句;
}
```

（5）演示实物

如图 3-3-2 所示。

图 3-3-2 实物图

（6）演示视频二维码

第四节 串口实验

Arduino 串口通信占用 pin 0、pin 1，在制作中尽量不要用这两个引脚，否则容易导致下载失败。

动手实验一 串口打印

实现功能：串口输出基本信息（Arduino 主板往电脑上发送数据）。

（1）程序设计

```
/***********************************************************************
硬件说明：无。
***********************************************************************/
void setup( )
```

```
{
  Serial.begin(9600);                    // 串口初始化。
}
void loop( )
{
   Serial.println(" 樊胜民工作室 ");      // 串口打印。
   Serial.println("call:18636369649");
   Serial.print('Q');
   Serial.println("Q:");
   Serial.println("1036569661");
   delay(1000);
}
```

（2）程序解密

① Serial.begin( ); 串口初始化函数

函数 Serial.begin( ) 中设置串口的波特率为 9600。

② println( ); 串口输出函数

两个函数的主要区别在于，println( ) 比 print( ) 多了换行功能。

打印多个字符需要用双引号，单个字符用单引号。

（3）程序运行

串口输出截图如图 3-4-1 所示。

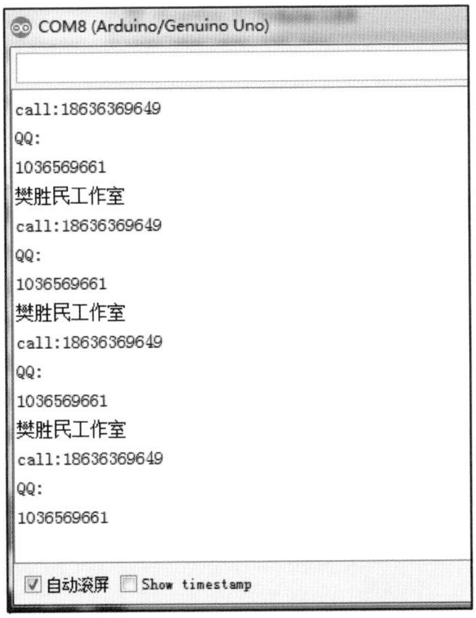

```
COM8 (Arduino/Genuino Uno)

call:18636369649
QQ:
1036569661
樊胜民工作室
call:18636369649
QQ:
1036569661
樊胜民工作室
call:18636369649
QQ:
1036569661
樊胜民工作室
call:18636369649
QQ:
1036569661

☑ 自动滚屏 ☐ Show timestamp
```

图 3-4-1 串口输出截图

动手实验二 串口控制开关 LED

实现功能如下：

串口输入数字 1，回车，LED 点亮，同时串口打印“ON”；

串口输入数字 2，回车，LED 熄灭，同时串口打印“OFF”。

（1）所需硬件

名称	数量	图示
电阻 220Ω	1	
LED 5mm（红）	1	

（2）硬件电路连接

Arduino	功能
5V	电源正极
GND	电源负极
D2	数字接口（LED）

（3）布局图

如图 3-4-2 所示。

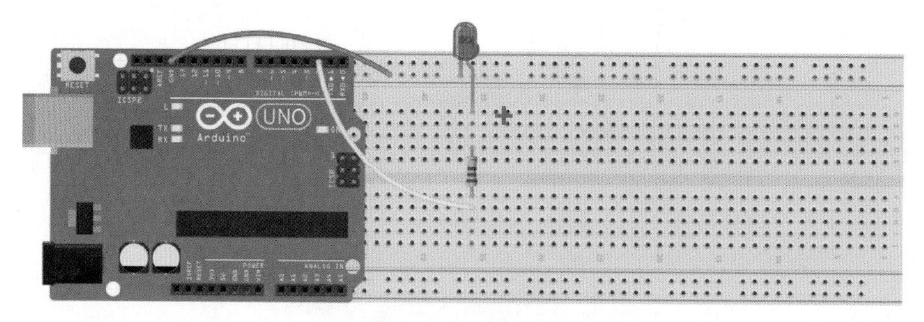

图 3-4-2　布局图

（4）程序设计

```
/***********************************************************************
硬件说明：LED2 正极接 pin 2。
***********************************************************************/
int led2=2;
void setup( )
{
  Serial.begin(9600);
  pinMode(led2, OUTPUT);
}
void loop( )
{
  if (Serial.available( )>0)              // 判断是否有数据。
  {
    char c = Serial.read( );              // 从串口读入数据并且赋值变量 c。
    if (c == '1')
    {
      digitalWrite(led2, HIGH);
      Serial.println("ON");
    }
    else if (c == '2')
    {
      digitalWrite(led2, LOW);
      Serial.println("OFF");
    }
  }
}
```

（5）程序解密

Serial.available( )；串口输入函数。

首先判断是否有数据输入，然后使用函数 Serial.read( ) 读取数据。

在键盘上输入数字 1 或者 2，串口输入界面如图 3-4-3 所示。

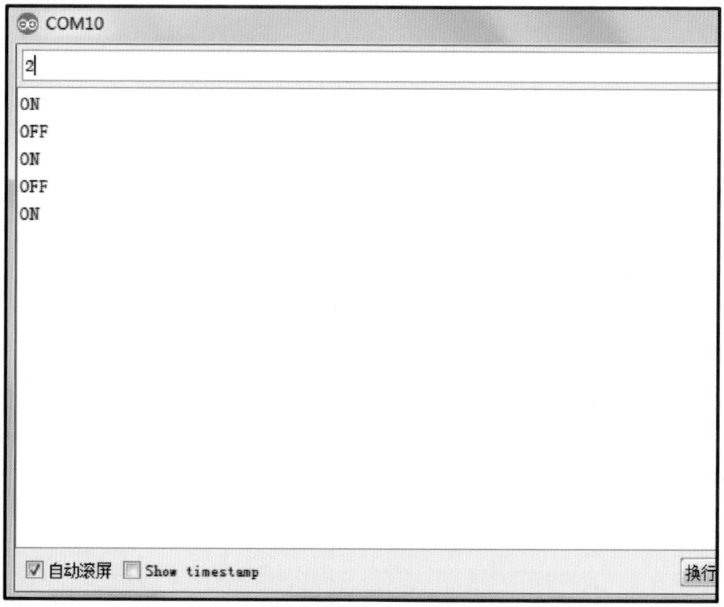

图 3-4-3　串口输入界面

动手实验三　串口打印模拟量输入值

实现功能：模拟量输入，串口打印出来。

（1）所需硬件

名称	数量	图示
电位器	1	

（2）硬件电路连接

Arduino	功能
5V	电源正极
GND	电源负极
A0	模拟接口

（3）布局图

如图 3-4-4 所示。

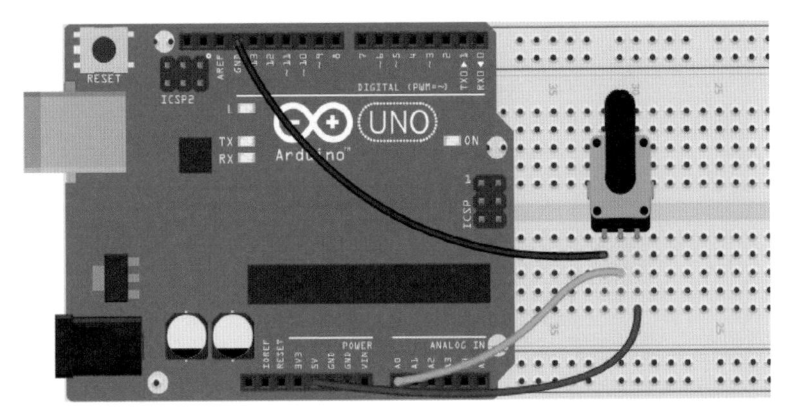

图 3-4-4　布局图

（4）程序设计

```
/*******************************************************************
硬件说明：采用 10k 大电位器，可调端接 A0。
*******************************************************************/
int pot = A0;                         // 电位器接口。
void setup( )
{
  Serial.begin(9600);
}
void loop( )
{
  int val = analogRead(pot);
  Serial.println(val);
  delay(100);
}
```

旋转电位器，观察串口打印数字在 0 ～ 1023 之间变化。

（5）程序运行效果

如图 3-4-5 所示。

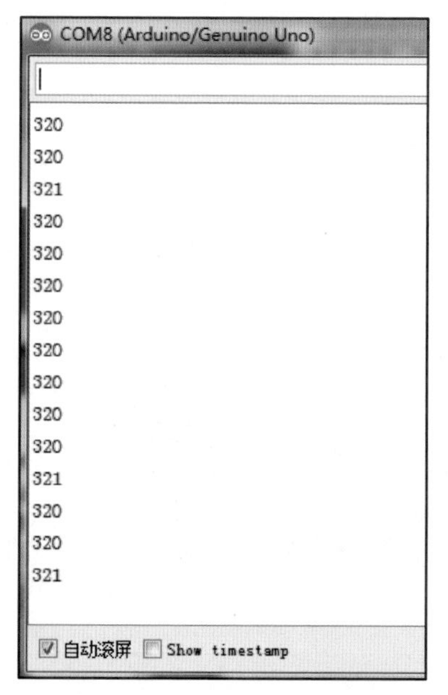

图 3-4-5 程序运行效果

动手实验四 电位器控制 LED 闪烁

实现功能：当电位器调整到大于设定值时（串口打印可以看出），两个 LED 互闪。

（1）所需硬件

名称	数量	图示
电位器	1	
电阻 220Ω	2	
LED 5mm（红）	2	

（2）硬件电路连接

Arduino	功能
5V	电源正极
GND	电源负极
A0	模拟接口
D2	数字接口（LED2）
D3	数字接口（LED3）

（3）布局图

如图 3-4-6 所示。

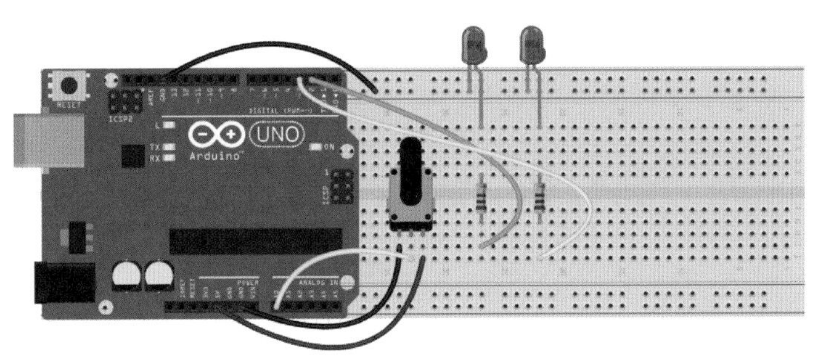

图 3-4-6　布局图

（4）程序设计

```
/*****************************************************************
硬件说明：LED2 正极接 pin 2，LED3 正极接 pin 3。
*****************************************************************/
int pot = A0;
int ledpin[ ] = {2, 3};                  //定义 LED 引脚。
void setup( )                            //将 LED 引脚设置为输出。
{
  for (int x = 0; x < 2; x++)            //通过 for 语句将相应的 I/O 设置为输出模式。
  {
    pinMode(ledpin[x], OUTPUT);
  }
  Serial.begin(9600);                    //串口初始化。
}
void loop( )
{
```

```
    int val = analogRead(pot);
    Serial.println(val);
    delay(100);
    if (val > 500)                          //当大于 500 时实现两个 LED 互闪。
    {
      digitalWrite(ledpin[0],HIGH);
      digitalWrite(ledpin[1],LOW);
      delay(500);
      digitalWrite(ledpin[0],LOW);
      digitalWrite(ledpin[1],HIGH);
      delay(500);
    }
  }
```

第五节　炫酷多彩 LED

RGB LED 内部集成了红（R）、绿（G）、蓝（B）三种 LED，分别驱动三个 LED 就可以显示不同的颜色，商场中播放广告的 LED 显示屏，就是集成了成千上万个 RGB LED。RGB LED 如图 3-5-1 所示，注意引脚排列顺序。RGB LED 分为共阳极与共阴极两种，所谓的共阴极 RGB LED 的就是将红、绿、蓝三个 LED 集成在一起的时候，三个 LED 的负极引脚接在一起，共阳极 RGB LED 也是同样的道理。

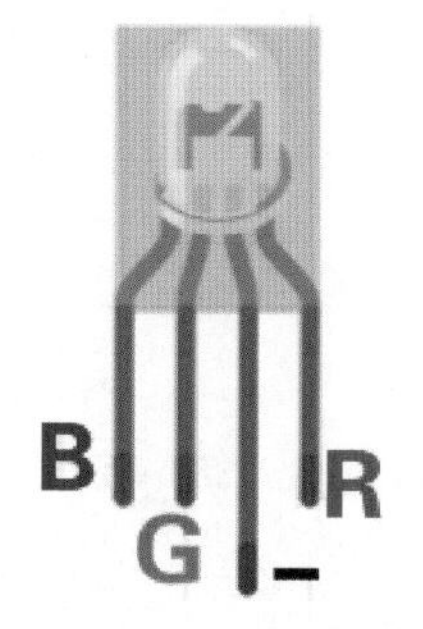

图 3-5-1　RGB LED

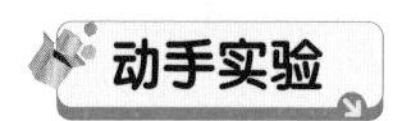

五彩缤纷 LED

实现功能：随机取值，呈现出的就是五彩缤纷的 LED 效果。

（1）所需硬件

名称	数量	图示
电阻 220Ω	3	
RGB LED	1	

（2）硬件电路连接

Arduino	功能	RGB LED（共阴极）	功能
D9	数字接口	B	蓝色 LED
D10	数字接口	G	绿色 LED
D11	数字接口	R	红色 LED
GND	负极	GND	负极

（3）布局图

如图 3-5-2 所示。

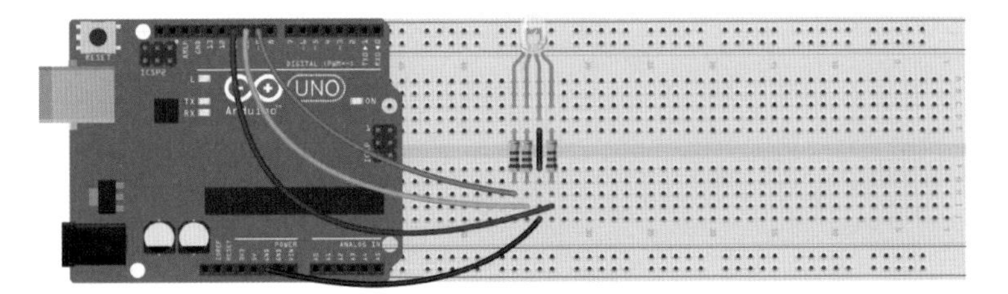

图 3-5-2　布局图

（4）程序设计

```
/*******************************************************************
硬件说明：参照硬件电路连接。
*******************************************************************/
int blueled = 9;
```

```
int greenled = 10;
int redled = 11;
int delaytime=100;
void setup( )
{
  pinMode(blueled,OUTPUT);
  pinMode(greenled, OUTPUT);
  pinMode(redled, OUTPUT);
  Serial.begin(9600);
}
void loop( )
{
  int x=random(0,255);
  int y=random(0,255);
  int z=random(0,255);
  Serial.println(x);
  Serial.println(y);
  Serial.println(z);
  delay(100);
  color(x,y,z);
  delay(delaytime);
}
void color( int blue, int green, int red)
{
  analogWrite(blueled,blue);
  analogWrite(greenled,green);
  analogWrite(redled,red);
}
```

（5）程序解密

函数：random (参数)

格式 1：random(a)　返回 0 ～ a-1 随机数

格式 2：random(a,b)　返回 a ～ b-1 随机数

（6）演示实物

如图 3-5-3 所示。

图 3-5-3　实物图

（7）演示视频二维码

第六节　呼吸灯

LED 能从亮到暗、再从暗到亮逐渐变化的过程，称之为呼吸灯。实现这种效果是 PWM 的特有功能，硬件电路中数字引脚标注“～”的引脚（3、5、6、9、10、11）都可以通过编程来实现 PWM 功能。

动手实验一　逐渐点亮的 LED

实现功能：LED 逐渐点亮。

（1）所需硬件

名称	数量	图示
电阻 220Ω	1	
LED 5mm（红）	1	

（2）布局图

如图 3-6-1 所示。

图 3-6-1 布局图

（3）程序设计

```
/*******************************************************************

硬件说明：LED 正极接 pin 3。

*******************************************************************/

int led = 3;

int pwm = 0;

void setup( )

{

  pinMode(led, OUTPUT);                //配置接口为输出模式。

  Serial.begin(9600);                  //串口初始化函数。

}

void loop( )

{

  analogWrite(led, pwm++);

  Serial.println(pwm);                 //在串口中打印变量 pwm 数字。

  delay(10);                           //稍作延时。

  if (pwm >= 255)                      //当 pwm 变量大于或等于 255 时，归零。

  {

    pwm = 0;

  }

}
```

串口打印 PWM 数字如图 3-6-2 所示。

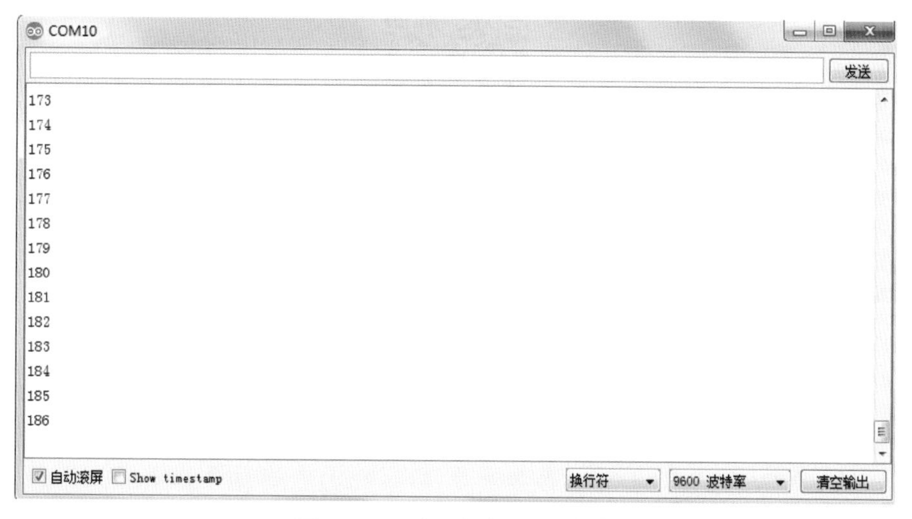

图 3-6-2　串口打印 PWM 数字

（4）程序解密

函数：analogWrite( )

格式：analogWrite(pin,val)

pin 只能是 6 个引脚（3、5、6、9、10、11），val 取值范围为 0 ～ 255，占空比为 0（完全关闭）～ 255（完全打开）之间。

（5）演示实物

如图 3-6-3 所示。

图 3-6-3　实物图

（6）演示视频二维码

动手实验二 利用 PWM 功能制作的呼吸灯

所需硬件以及布局图参照动手实验一。

（1）程序设计

```
/*****************************************************************
硬件说明：LED 正极接 pin 3。
*****************************************************************/
int led = 3;
void setup( )
{
  pinMode(led, OUTPUT);
}
void loop( )
{
  for (int pwm = 0; pwm <= 255; pwm++)
  {
    analogWrite(led, pwm);
    delay(10);
  }
  for (int pwm = 255; pwm > 0; pwm--)
  {
    analogWrite(led, pwm);
    delay(10);
  }
}
```

（2）演示视频二维码

知识链接 PWM 功能介绍

函数 analogWrite（ ）的主要作用，就是将带有“～”的数字端口写入一个模拟值，控制 LED 的亮度变化或者电机的转速。有了 PWM 功能，我们就可以编程控制端口的模拟输出。如图 3-6-4 所示，我们让端口 3 输出 2.5V 电压，编写 analogWrite（3,127）就可以了。你可能说我用电阻分压就可以，没错，如果一个电路让一个端口循环输出 2.5V、3V、5V 电压，仅仅用硬件电路就困难了，这时候就是 PWM 大显身手的时候了。

占空比：高电平与低电平持续时间之比。

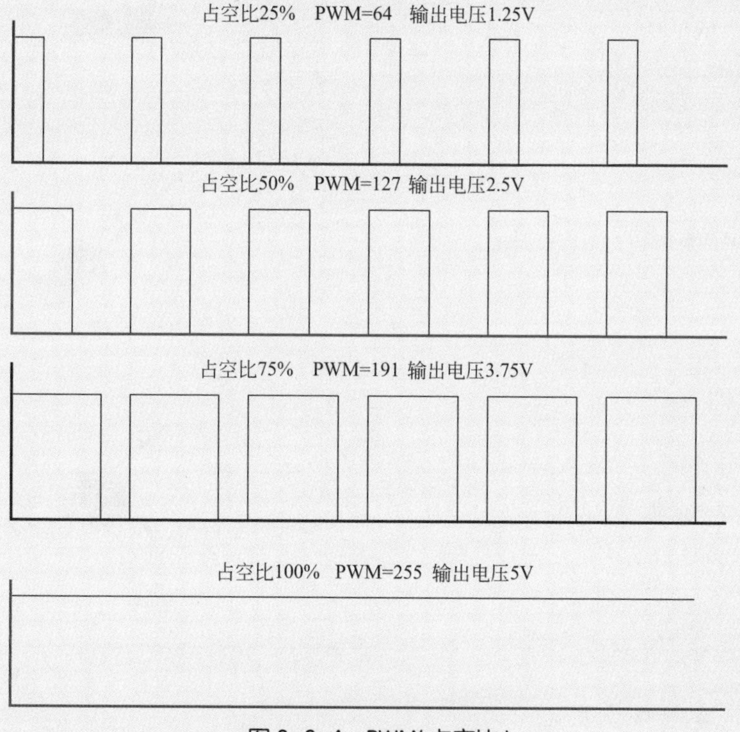

图 3-6-4 PWM(占空比)

第七节　智能光控 LED

光控 LED，主要元器件就是光敏电阻，自动判断光线亮暗，LED 随之熄灭或者点亮。自己动手制作，放在书桌旁就是一个光控小夜灯了。

动手实验一 光控小夜灯

实现功能：光线亮，LED 熄灭；光线暗，LED 点亮。光线亮暗的阈值在程序中设置，也就是说在程序中设置光线暗到什么程度时，LED 点亮。

（1）所需硬件

名称	数量	图示
电阻 220Ω	1	
电阻 10kΩ	1	
LED 5mm（红）	1	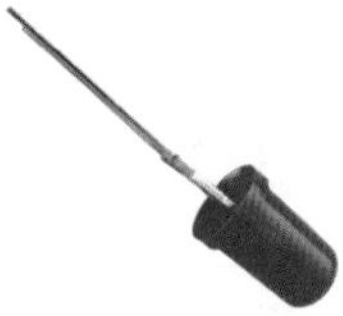
光敏电阻	1	

（2）电路原理图

如图 3-7-1 所示。

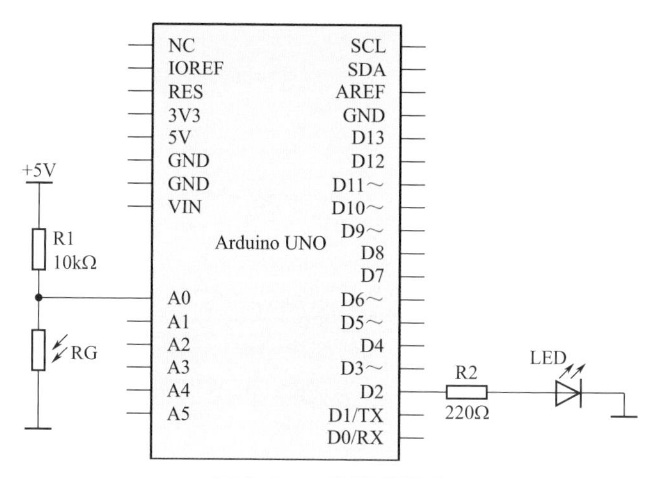

图 3-7-1　电路原理图

根据串联分压，光敏电阻上的电压值为 RG/(R1+RG)×5V。

（3）布局图

如图 3-7-2 所示。

图 3-7-2　布局图

（4）程序设计

```
/*********************************************************************
硬件说明：光敏电阻与 10kΩ 电阻串联，参照电路原理图。
*********************************************************************/
int analogpin = A0;                //定义变量。
int led = 2;
int val = 0;
void setup( )
```

```
{
  pinMode(led, OUTPUT);
  Serial.begin(9600);                       //串口初始化。
}
void loop( )
{
  val = analogRead(analogpin);              //读取光敏电阻的模拟值并赋值给 val。
  Serial.println(val);                      //串口输出 val 变量数值。
  if (val >= 800)                           //根据串口输出的数据，进一步设置阈值。
  {
     digitalWrite(led, HIGH);
  }
  else
  {
     digitalWrite(led, LOW);
  }
}
```

（5）程序解密

通过函数 analogRead(pin) 读取模拟值，然后赋值给变量。本程序中，随着光线的变化可以在串口中观察数字的变化。

（6）演示实物

如图 3-7-3 所示。

图 3-7-3 实物图

（7）演示视频二维码

动手实验二　用 LED 亮灯的数量表示光线的强弱

实现功能：光线越暗，亮的 LED 越多。

（1）所需硬件

名称	数量	图示
电阻 220Ω	4	
电阻 10kΩ	1	
LED 5mm（红）	4	
光敏电阻	1	

（2）电路原理图

如图 3-7-4 所示。

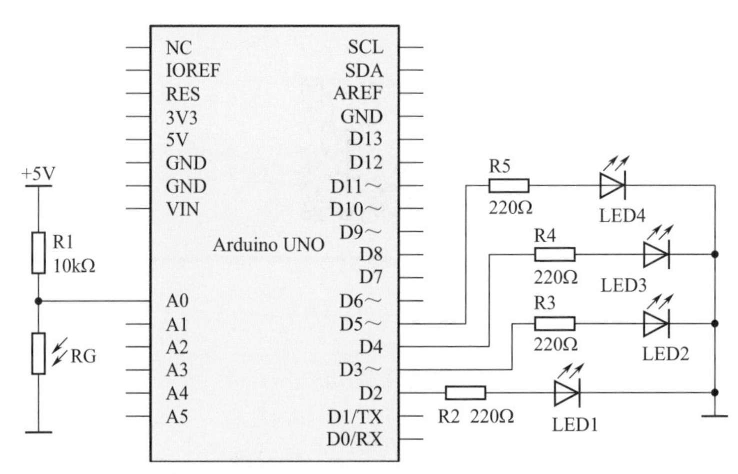

图 3-7-4　电路原理图

（3）布局图

如图 3-7-5 所示。

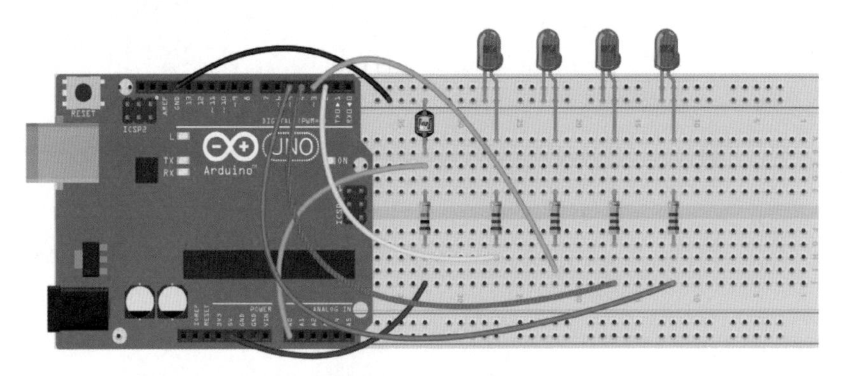

图 3-7-5　布局图

（4）程序设计

/***

硬件说明：光敏电阻与 10kΩ 电阻串联，参照电路原理图，4 个 LED 正极分别接 pin 2、pin 3、pin 4、pin 5。

***/

```
int analogpin = A0;                          //定义变量。
int led[ ] = {2, 3, 4, 5};
int val = 0;
void setup( )
```

```
{
  for (int i = 0; i < 4; i++)
  {
    pinMode(led[i], OUTPUT);
  }
  Serial.begin(9600);                        // 串口初始化。
}
void loop( )
{
  val = analogRead(analogpin);               // 读取光敏电阻的模拟值并赋值给 val。
  Serial.println(val);                       // 串口输出 val 变量数值。
  int num = map(val, 0, 1023, 0, 4);         // 数值变换。
  Serial.println(num);                       // 串口输出 val 变量数值。
  for (int x = 0; x <4; x++)
  {
    if (x < num)
    {
      digitalWrite(led[x], HIGH);
    }
    else
    {
      digitalWrite(led[x], LOW);
    }
  }
}
```

（5）程序解密

① 等比映射函数 map( )

函数格式：map(value, fromLow, fromHigh, toLow, toHigh)

Value 是需要映射的数值，将 value 数值依照 fromLow 与 fromHigh 范围，对等转换至 toLow 与 toHigh 范围。

例如：int num = map(val, 0, 1023, 0, 4)　将 val 所读取的数值对等转换至 0 ～ 4 之间的数值。

② 两个变量（x 与 num）与 LED（数字接口 pin 所接的 LED）点亮的关系

	x=0	x=1	x=2	x=3
num=0	pin 2 不亮	pin 3 不亮	pin 4 不亮	pin 5 不亮
num=1	pin 2 亮	pin 3 不亮	pin 4 不亮	pin 5 不亮
num=2	pin 2 亮	pin 3 亮	pin 4 不亮	pin 5 不亮
num=3	pin 2 亮	pin 3 亮	pin 4 亮	pin 5 不亮
num=4	pin 2 亮	pin 3 亮	pin 4 亮	pin 5 亮

（6）演示实物

如图 3-7-6 所示。

图 3-7-6　实物图

（7）演示视频二维码

第八节　按键控制 LED 状态

常见的按键有四个引脚，在电路连接中只需要两个引脚。按键内部示意图如图 3-8-1 所示。

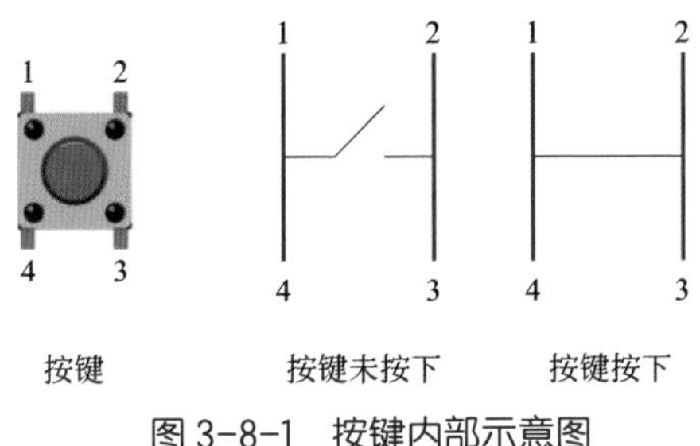

图 3-8-1　按键内部示意图

在按键内部，引脚 1、4 连接在一起，引脚 2、3 连接在一起。在电路中，我们有四种接法，1 与 2、1 与 3、4 与 2、4 与 3 连接都是可以的。

动手实验一　一键无锁控制 LED

实现功能：按下按键，LED 点亮；释放按键，LED 熄灭。

（1）所需硬件

名称	数量	图示
电阻 220Ω	1	
电阻 10kΩ	1	
LED 5mm（红）	1	
按键	1	

（2）电路原理图

如图 3-8-2 所示。

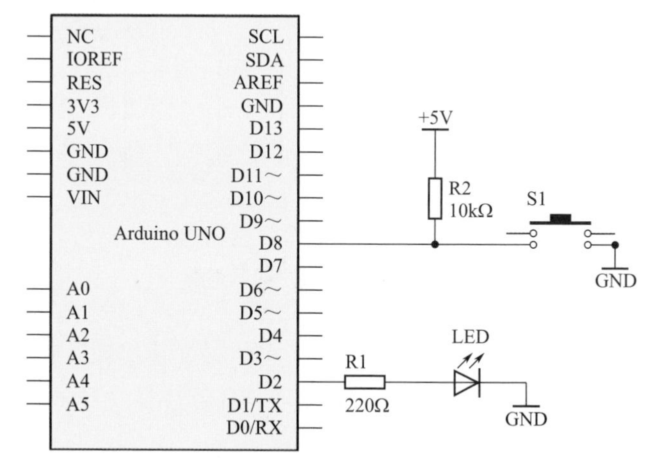

图 3-8-2　电路原理图

(3) 布局图

如图 3-8-3 所示。

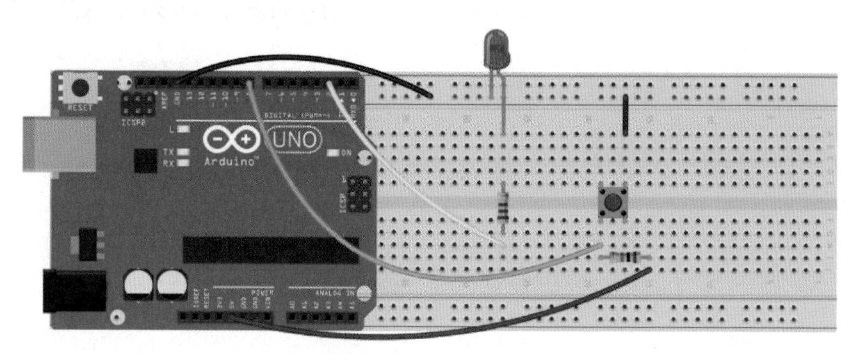

图 3-8-3　布局图

(4) 程序设计

```
/*******************************************************************
```

硬件说明：按键接 pin 8, 上拉电阻 10kΩ，按键低电平有效，LED 正极接 pin 2。

```
*******************************************************************/
int button = 8;
int led = 2;
void setup( )
{
  pinMode(button, INPUT);
```

```
  pinMode(led, OUTPUT);
  Serial.begin(9600);                  //串口初始化。
}
void loop( )
{
   int buttonval=digitalRead(button);
   if (buttonval == 0)                 //判断按键状态。
  {
      Serial.println(buttonval);       //串口打印按键状态。
      digitalWrite(led, HIGH);
      delay(20);                       //延时 20ms。
  }
  else
  {
     digitalWrite(led, LOW);
   }
}
```

由于 Arduino 上电后，数字 I/O 引脚处于悬空状态，如果没有上拉电阻，此时通过 digitalRead( ) 读到的是一个不稳定的值（可能是高，也可能是低）。使用上拉电阻后，按键未按下时，引脚将为高电平，按键按下为低电平。

（5）演示实物

如图 3-8-4 所示。

图 3-8-4　实物图

（6）演示视频二维码

动手实验二 一键自锁控制 LED，有点不听话？

实现功能：每按键一次，实现按键亮灭的效果。

（1）电路原理图

如图 3-8-5 所示。

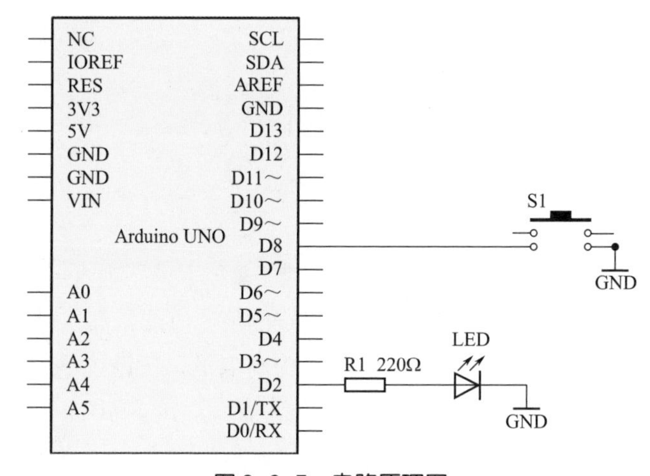

图 3-8-5 电路原理图

（2）布局图

如图 3-8-6 所示。

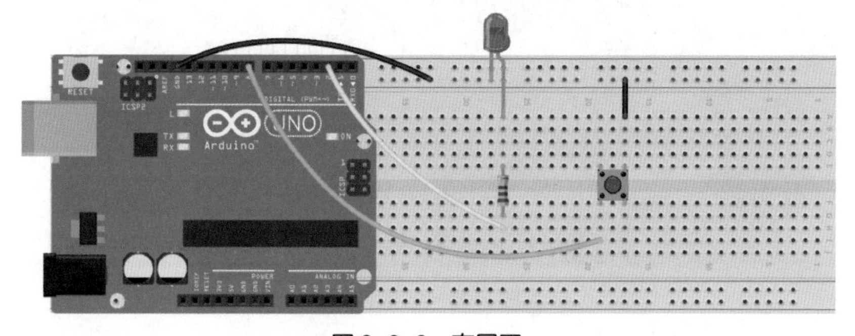

图 3-8-6 布局图

（3）程序设计

```
/*******************************************************************
硬件说明：按键接 pin 8, 取消 10kΩ 电阻，启用上拉功能，按键低电平有效，LED 正极接 pin 2。
*******************************************************************/
int button = 8;
int led = 2;
void setup( )
{
  pinMode(button, INPUT_PULLUP);                  // 上拉功能。
  pinMode(led, OUTPUT);
}
void loop( )
{
  int buttonval = digitalRead(button);
  if (buttonval == 0)                             // 判断按键状态。
   {
    digitalWrite(led, !digitalRead(led));         //LED 状态取反。
  }
}
```

（4）演示实物

如图 3-8-7 所示。

图 3-8-7　实物图

（5）演示视频二维码

按键不是很听话?

将程序下载后，按键好像不是很听话，不是很灵。这是因为我们没有对按键进行防抖处理，手按下按键时是会有抖动的，如果不去抖动，LED 灯就会出现闪烁好像不听指挥一样，所以要去抖动。

当按下按键时，由于金属弹片的作用，不能很快闭合稳定，放开时也不能立刻断开，闭合稳定前后称为按键抖动，如图 3-8-8 所示。消除抖动可以通过程序或者硬件电路实现，通常通过程序完成。

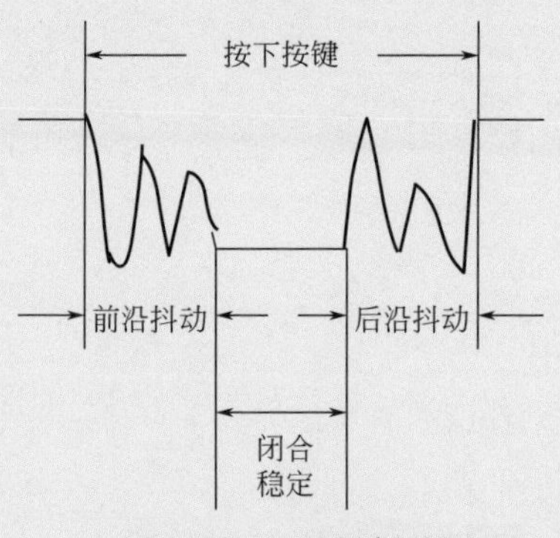

图 3-8-8　按键抖动

如何用程序来实现呢？从图 3-8-8 中可以看出，当检测到按键状态变化时，先延时一段时间（一般为 10 ～ 20ms），绕开不稳定状态（前沿抖动），然后再检测一次按键状态，如果与前面检测的状态相同，说明已经进入“闭合稳定”。

动手实验三　完美解决一键自锁 LED

实现功能：每按键一次，实现按键亮灭的效果（程序改进）。

电路原理图、布局图参照动手实验二。

（1）程序设计

```
/*****************************************************************
硬件说明：按键接 pin 8, 取消 10kΩ 电阻，启用上拉功能，按键低电平有效，LED 正极接 pin 2。
*****************************************************************/
int button = 8;
int led = 2;
void setup( )
{
  pinMode(button, INPUT_PULLUP);              // 上拉功能。
  pinMode(led, OUTPUT);
}
void loop( )
{
  scanbutton( );
}
void scanbutton( )
{
  if (digitalRead(button) == 0)               // 判断按键状态。
  {
    delay(20);
    if (digitalRead(button) == 0)
    {
      digitalWrite(led, !digitalRead(led));
      while (digitalRead(button) == 0);
    }
  }
}
```

（2）程序解密

首先采用 if (digitalRead(button) == 0) 检测低电平，如果低电平出现，延时 20ms，再次检测是否是低电平，经过 20ms 的延时，如果还是低电平就说明按键的确被按下了。判断按键是否抬起，采用 while (digitalRead(button) == 0) 这样的一个循环语句判断按键是否释放，如果按键没有释放，引脚应该是低电平，那么就循环再次读取，直到引脚变成高电平，退出循环。

（3）演示视频二维码

第九节　报警器

有源蜂鸣器内部带振荡源，只要加上额定的直流电就发声；而无源蜂鸣器（或者喇叭）内部不带振荡源，所以如果用直流信号无法令其鸣叫，必须用 2 ～ 5kHz 的波形脉冲信号去驱动它。

动手实验一　初体验报警编程

实现功能：声光提示。

（1）所需硬件

名称	数量	图示
电阻 220Ω	1	
LED 5mm（红）	1	
蜂鸣器	1	

（2）硬件电路连接

Arduino	功能
5V	电源正极
GND	电源负极
D2	数字接口（LED）
D5	数字接口（beep）

（3）布局图

如图 3-9-1 所示，注意实物采用有源蜂鸣器。

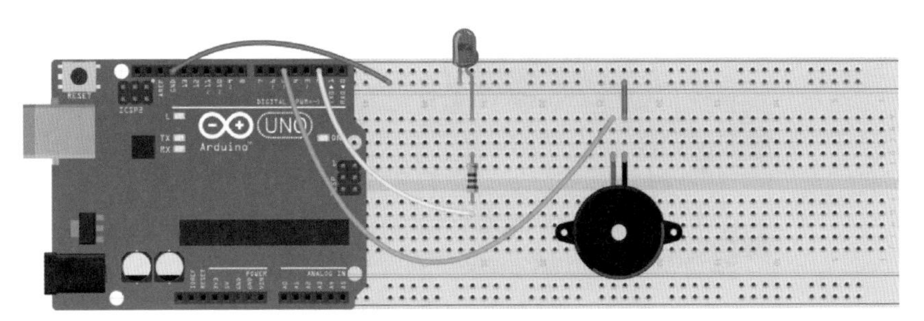

图 3-9-1　布局图

（4）程序设计

```
/*******************************************************************
硬件说明：模拟电磁炉定时结束，采用有源蜂鸣器，正极接 pin 5。
*******************************************************************/
int beep = 5;                    // 设置控制蜂鸣器的引脚为 pin 5。
int led = 2;
void setup( )
{
  pinMode(beep, OUTPUT);
  pinMode(led, OUTPUT);
}
void loop( )
{
  digitalWrite(beep, HIGH);
  digitalWrite(led, LOW);
```

```
    delay(500);
    digitalWrite(beep, LOW);
    digitalWrite(led, HIGH);
    delay(500);
  }
```

（5）程序解密

与 LED 闪烁程序类似。

（6）演示实物

如图 3-9-2 所示。

图 3-9-2　实物图

（7）演示视频二维码

动手实验二　模拟救护车音效

实现功能：声光提示。

（1）所需硬件

名称	数量	图示
扬声器	1	

（2）布局图

如图 3-9-3 所示。

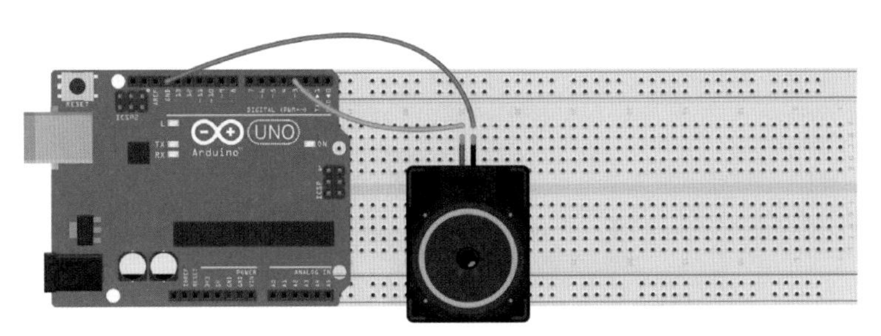

图 3-9-3　布局图

（3）程序设计

```
int beep = 3;
void setup( )
{
  pinMode(beep, OUTPUT);
}
void loop( )
{
  for (int i = 0; i < 80; i++)          // 输出第 1 个频率。
  {
    digitalWrite(beep, HIGH);
    delay(1);                           // 延时 1ms。
    digitalWrite(beep, LOW);
    delay(1);                           // 延时 1ms。
  }
  for (int i = 0; i < 120; i++)         // 输出第 2 个频率。
  {
    digitalWrite(beep, HIGH);
    delay(2);
    digitalWrite(beep, LOW);
    delay(2);
  }
}
```

（4）程序解密

用两个 for 语句实现两个频率，产生不同的音效。

（5）演示实物

如图 3-9-4 所示。

图 3-9-4 实物图

（6）演示视频二维码

动手实验三 利用函数 tone（ ）控制扬声器

实现功能：扬声器响 2s, 停 1s。

所需硬件、布局图参照动手实验二。

（1）程序设计

```
int beep = 3;
void setup( )
{
  pinMode(beep, OUTPUT);
}

void loop( )
{
   long frequency = 300;                    // long 为定义长整型变量。
   tone(beep, frequency );
```

```
    delay(2000);
    noTone(beep);                          //停止发声。
    delay(1000);
}
```

（2）程序解密

① 使用 tone( ) 函数，通过 PWM 引脚，输出一个波形，让扬声器发声。

格式：tone(pin, frequency)

参数 pin：要产生声音的引脚；

参数 frequency: 产生声音的频率，单位 Hz，类型 unsigned int。

② 函数 noTone( ): 停止发声，函数原型 noTone(pin)。

（3）演示视频二维码

第十节　温度传感器 LM35

LM35 是一种常见的温度传感器，图 3-10-1 是它的一种封装形式，从左到右引脚依次是 VCC、信号输出、GND。其工作电压为 4 ～ 30V，输出电压与摄氏温度一一对应，计算公式为 $V_{out\_LM35}(T)$=10mV/℃ ×T℃。

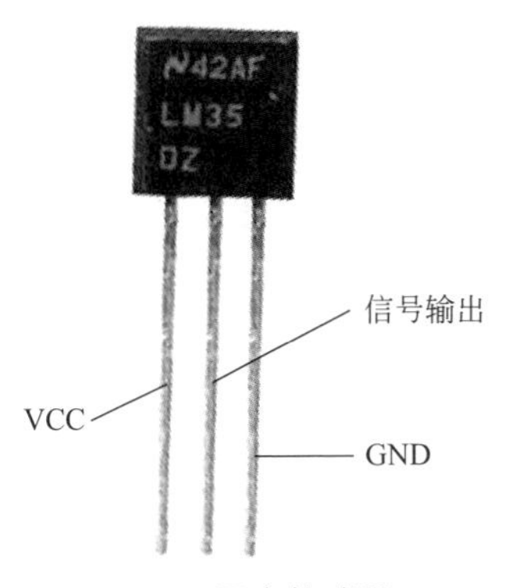

图 3-10-1　温度传感器 LM35

动手实验一 串口显示温度值（LM35）

实现功能：通过串口实时显示采集的温度值。

(1) 所需硬件

名称	数量	图示
LM35	1	

(2) 硬件电路连接

Arduino	功能	LM35	功能
5V	电源正极	VCC	正极
GND	电源负极	GND	负极
A2	模拟接口 （接收温度信号）	OUT	信号输出

(3) 布局图

如图 3-10-2 所示。

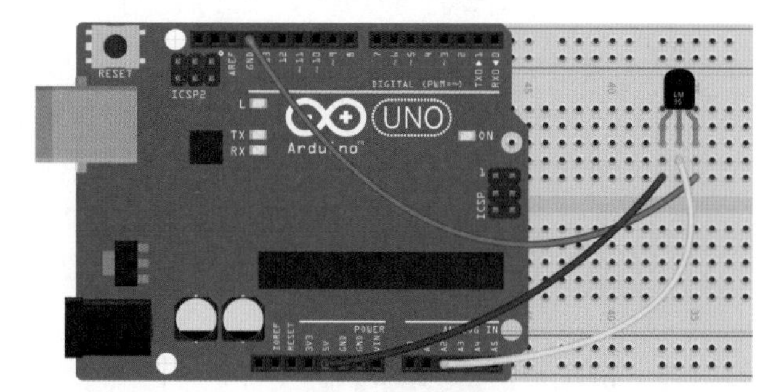

图 3-10-2　布局图

(4) 程序设计

```
void setup( )
{
  Serial.begin(9600);                              // 设置波特率。
}
void loop( )
```

```
{
  int val;
  int dat;
  val = analogRead(2);                    // 模拟接口 A2。
  dat = val * (5 / 10.24);
  Serial.print("fsm studio Tep:");
  Serial.print(dat);
  Serial.println("C");
  delay(500);
}
```

(5) 程序解密

大部分语句之前都学习过，不再赘述。

这里主要解释 dat = val * (5 / 10.24)。

val 是转换后的数值，符合 $V=V_{ref}\times(val/1024)$，单位 mV。LM35 输出电压与温度的关系是：$V=10mV\times T$，根据以上列出等式 $10mV\times T=V_{ref}\times(val/1024)$，$V_{ref}=5000mV$，即参考电压。换算出温度：$T=(500/1024)\times val$，$T=val(5/10.24)$。

串口输出效果如图 3-10-3 所示。

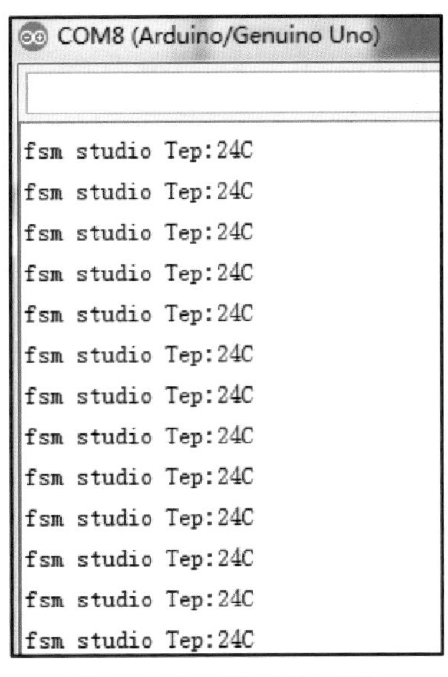

图 3-10-3 串口输出效果

(6) 演示实物

如图 3-10-4 所示。

图 3-10-4 实物图

（7）演示视频二维码

动手实验二 智能温度报警器

实现功能：当环境温度超过 22℃时，声光报警。

（1）所需硬件

名称	数量	图示
LM35	1	
电阻 220Ω	2	
LED 5mm（红）	2	
蜂鸣器	1	

（2）硬件电路连接

Arduino	功能	LM35	功能
5V	电源正极	VCC	正极
GND	电源负极	GND	负极
A2	模拟接口	OUT	信号输出
D2	数字接口（LED1）		
D4	数字接口（LED2）		
D6	数字接口（beep）		

（3）电路原理图

如图 3-10-5 所示。

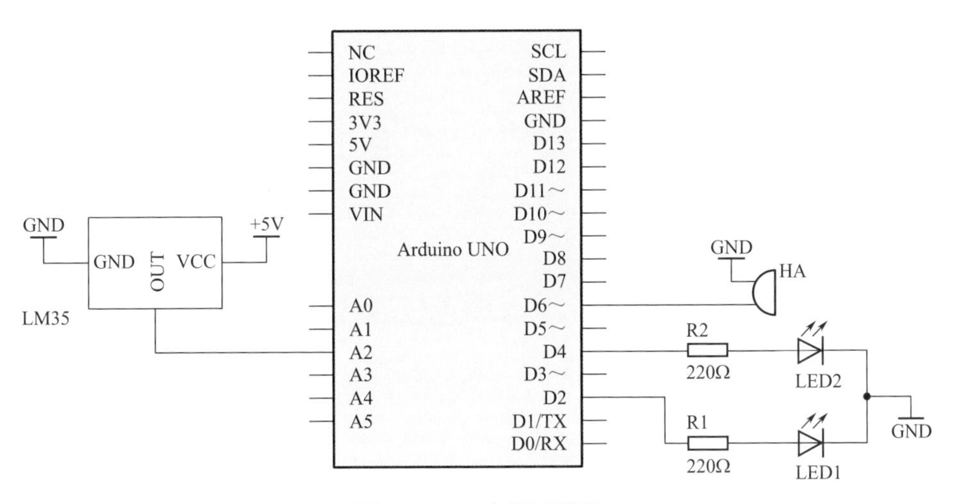

图 3-10-5 电路原理图

（4）布局图

如图 3-10-6 所示。

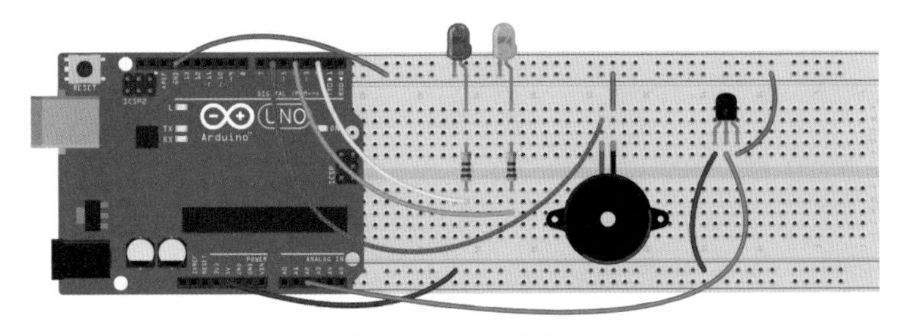

图 3-10-6 布局图

（5）程序设计

```
int LED1 = 2;
int LED2 = 4;
int beep = 6;
void setup( )
{
  Serial.begin(9600);                       //设置波特率。
  pinMode(LED1, OUTPUT);
  pinMode(LED2, OUTPUT);
  pinMode(beep, OUTPUT);
}
void loop( )
{
  int val;
  int dat;
  val = analogRead(2);                      //温度传感器接到模拟 A2。
  dat = val * (5 / 10.24);
  Serial.print("fsm studio Tep:");
  Serial.print(dat);
  Serial.println("C");
  delay(500);
  if (dat > 22)
  {
    digitalWrite(LED1, HIGH);
    digitalWrite(LED2, LOW);
    digitalWrite(beep, HIGH);
    delay(100);
    digitalWrite(LED1, LOW);
    digitalWrite(LED2, HIGH);
    digitalWrite(beep, LOW);
    delay(100);
  }
  else
  {
```

```
    digitalWrite(LED1, LOW);
    digitalWrite(LED2, LOW);
    digitalWrite(beep, LOW);
  }
}
```

（6）演示实物

如图 3-10-7 所示。

图 3-10-7　实物图

（7）演示视频二维码

第十一节　1602 液晶显示器

1602 液晶显示器（1602 Liquid Crystal Display，LCD1602）是一种常见的字符液晶显示器，具有耗电少、寿命长、成本低、亮度高等特点。如图 3-11-1 所示，LCD1602 因其能显示 16×2 个字符而得名。液晶本身操作较复杂，但是在编程中加载 Liquid Crystal 库，使用 Arduino 主板驱动 LCD1602 就容易多了，LCD1602 可以显示英文字母以及一些符号。

由于 I/O 有限，采用四位接法，与八位接法的主要区别就是，八位接法可以一次传输一个字节的数据，而四位接法需要分两次传输。

图 3-11-1 LCD1602

LCD1602 引脚功能如下。

引脚	符号	功能	引脚	符号	功能
1	VSS	GND/ 接地	9	D2	数据
2	VCC	电源正极	10	D3	数据
3	V0	对比度调整	11	D4	数据
4	RS	数据 / 命令选择	12	D5	数据
5	R/W	读 / 写选择	13	D6	数据
6	E	使能信号	14	D7	数据
7	D0	数据	15	BLA	背光电源正极
8	D1	数据	16	BLK	背光电源负极

表中，V0 为液晶显示对比度调整端，接电源正极对比度最小，接 GND 对比度最大，一般接电位器调整合适的对比度。

RS 高电平（1）选择数据寄存器，低电平（0）选择指令寄存器。

R/W 高电平（1）进行读操作，低电平（0）进行写操作，实验中一般进行写操作，该端子接 GND。

E 端子由高电平转变为低电平时，液晶模块执行命令。

动手实验　液晶显示程序运行时间

实现功能：液晶显示基本信息，QQ 以及程序运行时间。

（1）所需硬件

名称	数量	图示
LCD1602	1	
电阻 10kΩ	1	

（2）硬件电路连接

Arduino	功能	LCD1602	功能
D2	数字接口	D7	数据
D3	数字接口	D6	数据
D4	数字接口	D5	数据
D5	数字接口	D4	数据
D6	数字接口	E	使能信号
D7	数字接口	RS	数据 / 命令选择

（3）电路原理图

如图 3-11-2 所示。

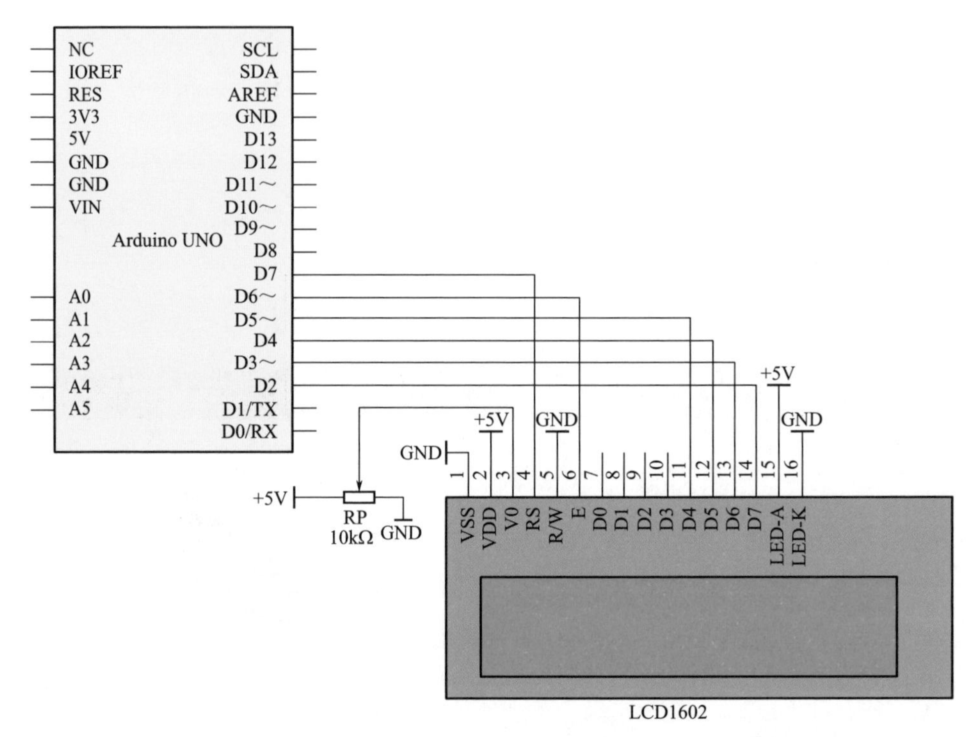

图 3-11-2　电路原理图

（4）布局图

如图 3-11-3 所示。

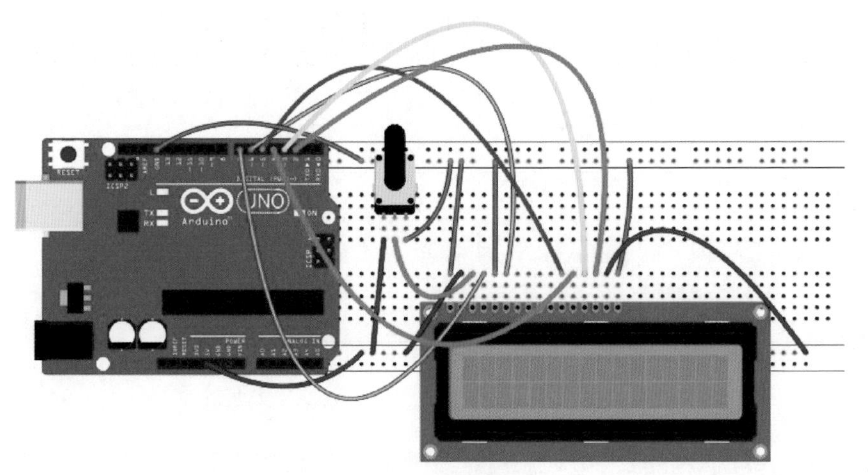

图 3-11-3　布局图

(5)程序设计

```
#include <LiquidCrystal.h>                    // 调用 LiquidCrystal 库。
LiquidCrystal lcd(7, 6, 5, 4, 3, 2);          // 初始化，设置 LCD1602 的引脚。
                                              //1602(RS-4)-pin 7 、 1602(R/W-5) 接负极、
                                                1602(E-6)-pin 6。
                                              //1602(D4-11)-pin 5、1602(D5-12)-pin 4。
                                              //1602(D6-13)-pin 3、1602(D7-14)-pin 2。
void setup( )
{
  lcd.begin(16, 2);                           // 初始化 LCD 并设置行列值。
  lcd.print("QQ:1036569661");                 // 显示信息，默认从第 1 行、第 1 列开始。
}
void loop( )
{
  int val=millis( ) / 1000;                   //millis( ) 函数单位是 ms，除以 1000 转化为 s。
  lcd.setCursor(0, 1);                        // 显示第 2 行、第 1 列的位置。
                                              // setCursor(x,y) 显示位置为第 x+1 列、第 y+1 行。
  lcd.print("Run time");
  lcd.setCursor(9, 1);                        // 显示第 2 行、第 10 列的位置。
  lcd.print(val);
  lcd.print("S");
  delay(1000);
}
```

(6)程序解密

① <LiquidCrystal.h> 是头文件，只有加载后，才能在程序中使用液晶库里面的函数。

② LiquidCrystal lcd(7, 6, 5, 4, 3, 2) 是初始化，设置 LCD1602 的引脚如下。

Arduino 引脚	液晶显示器引脚	Arduino 引脚	液晶显示器引脚
7	4（RS）	4	12（D5）
6	6（R/W）	3	13（D6）
5	11（D4）	2	14（D7）

③ lcd.begin(16, 2) 是初始化 LCD 并设置行列值。

④ lcd.print( ) 是液晶显示函数。

⑤ setCursor(x,y) 显示位置为第 x+1 列、第 y+1 行。

⑥ 时间函数 millis( ) 返回 Arduino 主板从开始运行到当前的时间，单位是 ms。该函数最长记录时间是 9h22min，如果超出时间将从 0 开始。

（7）演示实物

如图 3-11-4 所示。

图 3-11-4　实物图

（8）演示视频二维码

第十二节　数码管

数码管是一种最常见的显示元件，用来显示信息。数码管内部的发光元件就是由 LED 组成的，常见的数码管里面包含 8 个 LED，7 个显示段码，1 个显示小数点。

数码管按照显示颜色可以分为红色、绿色、蓝色等，最常见的是红色数码管。

数码管按照位数可以分为一位、两位、三位、四位等，如图 3-12-1 所示。

图 3-12-1　各种数码管

数码管按照内部连接方式可以分为共阳极与共阴极数码管。

数码管按照规格大小分为 0.56in、0.8in、1.2in 等。图 3-12-2 是一位 0.56in 的数码管。

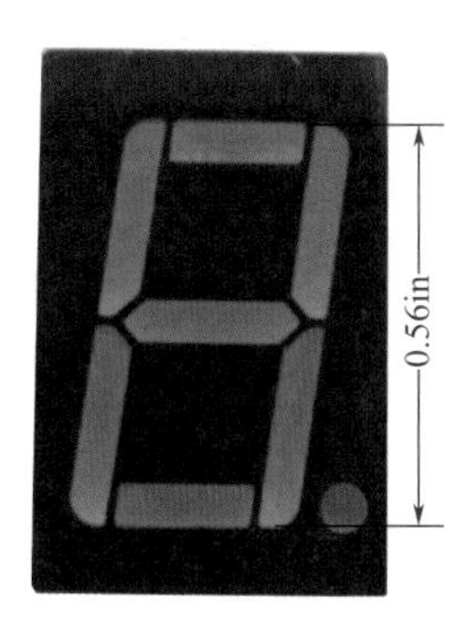

图 3-12-2　一位 0.56in 的数码管

以一位数码管介绍为主，段码分别用 a、b、c、d、e、f、g、h 表示，如图 3-12-3 所示。

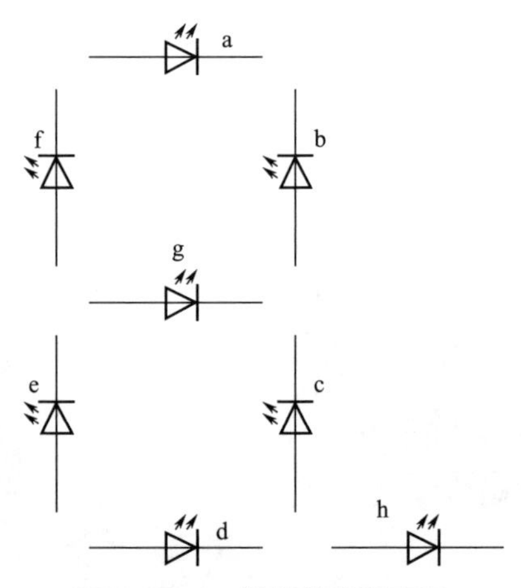

图 3-12-3 数码管段码表示

一位数码管共有上下两排引脚，排列顺序是从下排第一个引脚逆时针开始数起，如图 3-12-4 所示。一位共阳极与共阴极数码管内部电路分别如图 3-12-5、图 3-12-6 所示。一位共阳极与共阴极数码管的图形符号分别如图 3-12-7、图 3-12-8 所示，用 DS 表示。

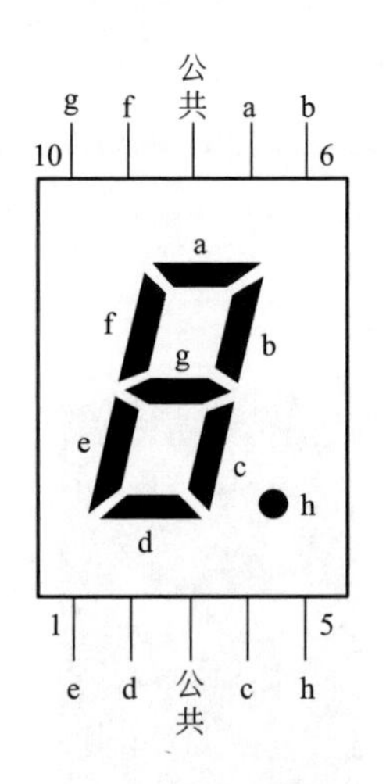

图 3-12-4 引脚排列顺序

一位数码管引脚与段码的对应关系如下。

引脚	功能（段码）	引脚	功能（段码）
1	e	3	公共极
2	d	4	c

续表

引脚	功能（段码）	引脚	功能（段码）
5	h	8	公共极
6	b	9	f
7	a	10	g

一位数码管引脚与 Arduino 主板引脚的连接对应关系如下。

一位数码管引脚	Arduino 主板引脚	一位数码管引脚	Arduino 主板引脚
1-e	7	6-b	4
2-d	6	7-a	3
3- 公共极		8- 公共极	
4-c	5	9-f	8
5-h	10	10-g	9

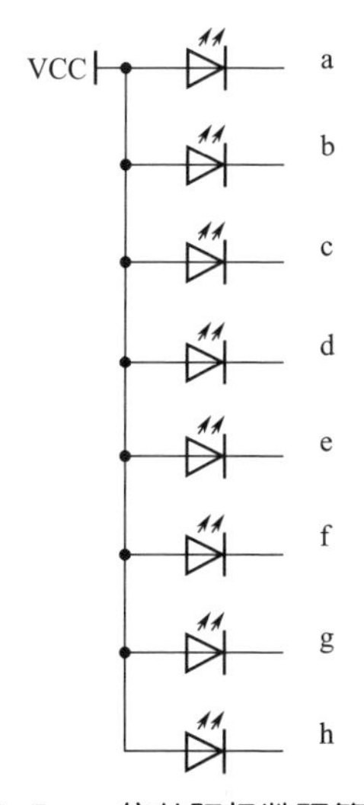

图 3-12-5　一位共阳极数码管内部电路

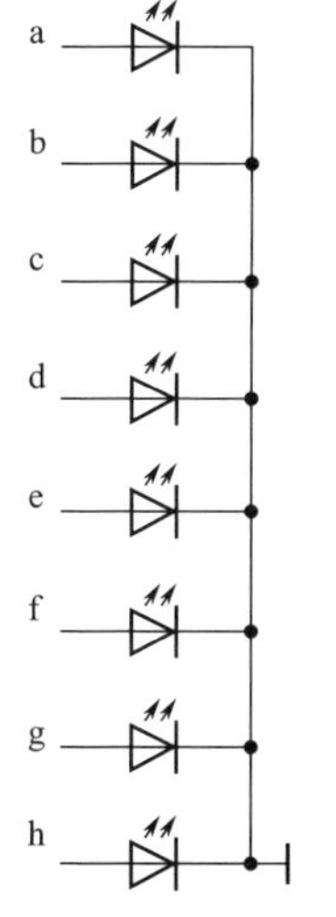

图 3-12-6　一位共阴极数码管内部电路

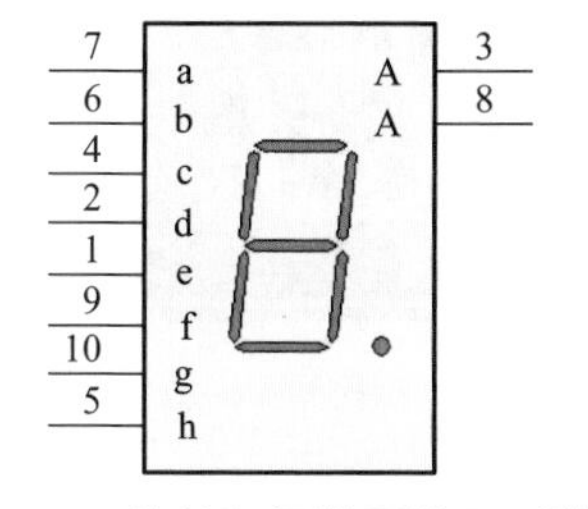

图 3-12-7　一位共阳极数码管图形符号

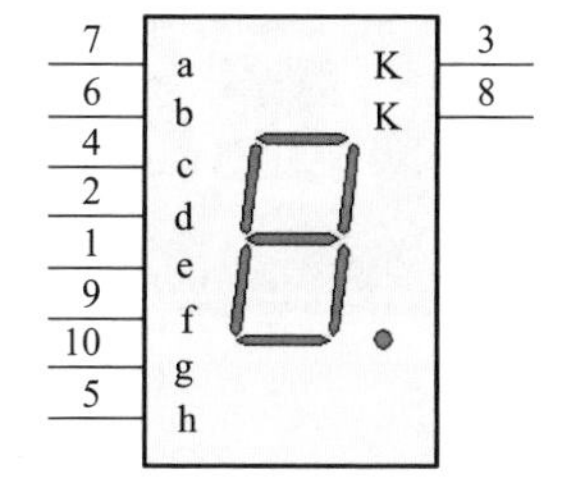

图 3-12-8　一位共阴极数码管图形符号

在实物中，一般情况下如图 3-12-7 与图 3-12-8 所示的一位数码管，公共引脚都是两个（引脚 3、8）。

四位一体数码管是将四个数码管封装在一起，每个数码管的段码并联在一起，用于显示内容，每个数码管的公共端（位码）独立引出，可以控制数码管点亮工作。四位一体内部结构（共阳极）以及外观布局如图 3-12-9 所示，其实物引脚示意图如图 3-12-10 所示。

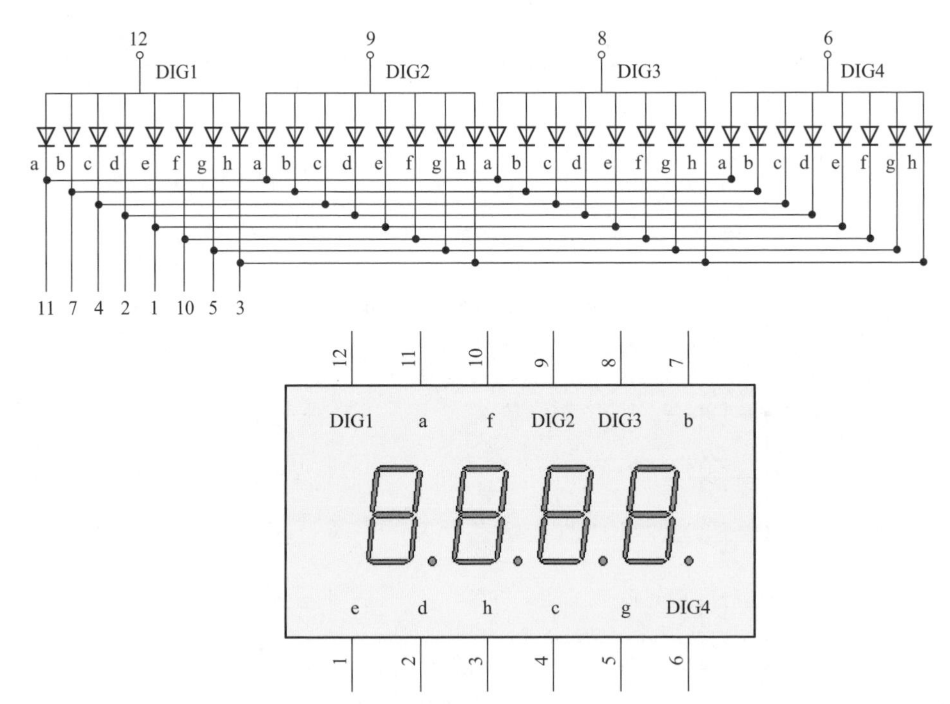

图 3-12-9 四位一体数码管内部结构（共阳极）以及外观布局

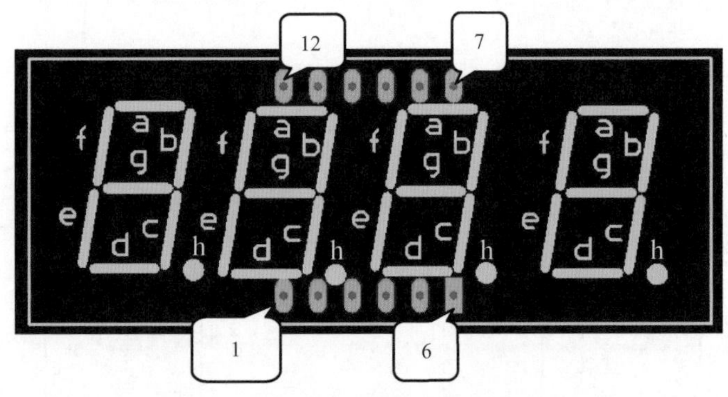

图 3-12-10 四位一体数码管实物引脚示意图

四位一体数码管的图形符号如图 3-12-11 所示。

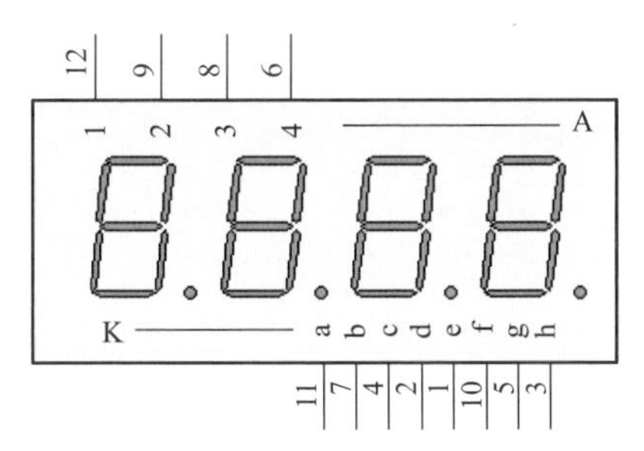

图 3-12-11　四位一体数码管图形符号

当单片机输出段码显示字形（数字或者字母）时，四个数码管同时接收到此信息，但是还需要单片机控制选通哪一位数码管显示，其余数码管不会显示，轮流控制选通数码管，每位数码管的点亮时间控制在 1 ～ 2ms。利用人眼视觉暂留现象以及数码管内部 LED 的余晖效应，实际数码管并不是在同一时刻点亮，但是只要单片机扫描足够快，我们看到的就是一组稳定的数字，这就是动态显示。

动手实验一　电位器控制数码管显示

实现功能：通过调节电位器，数码管显示 0 ～ 9 的数字。

（1）所需硬件

名称	数量	图示
一位 0.56in 数码管（共阳极）	1	
电阻 220Ω	1	
电位器（10k）	1	

（2）硬件电路连接

Arduino	功能	一位数码管	功能
D3	数字接口	a	段码
D4	数字接口	b	段码
D5	数字接口	c	段码
D6	数字接口	d	段码
D7	数字接口	e	段码
D8	数字接口	f	段码
D9	数字接口	g	段码
D10	数字接口	h	段码
D12	数字接口	A	公共阳极

（3）电路原理图

如图 3-12-12 所示。

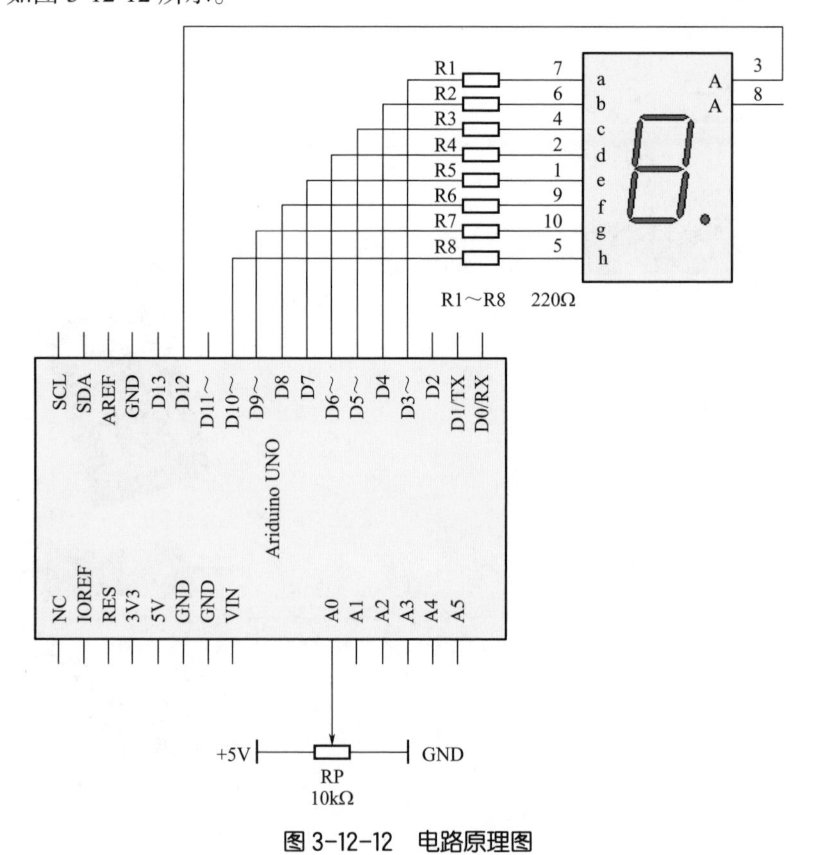

图 3-12-12 电路原理图

（4）演示实物

如图 3-12-13 所示。

图 3-12-13　实物图

（5）程序设计

```
#include "SevSeg.h"                          // 数码管库文件。
SevSeg sevseg;
byte numDigits = 1;                          // 数码管位数。
byte digitPins[ ] = {12, 1, 1, 1};           // 数码管公共引脚连接 Arduino 主板引脚。
byte segmentPins[ ] = {3, 4, 5, 6, 7, 8, 9, 10}; // 数码管段码 a、b、c、d、e、f、g、h 对应的
Arduino 主板引脚。
byte hardwareConfig = COMMON_ANODE ; // 共阳极数码管。
void setup( )
{
  sevseg.begin(hardwareConfig, numDigits, digitPins, segmentPins); // 初始化数码管。
}
void loop( )
{
  int Val = analogRead(A0);                  // 读取 A0 模拟接口的数值（电位器）。
  int numToShow = map(Val, 0, 1023, 0, 9); // 将 0 ～ 1023 之间的数据映射成 0 ～ 9 之间的数据。
  sevseg.setNumber(numToShow , -1);          // 数码管显示数据。
  sevseg.refreshDisplay( );                  // 刷新数码管显示数据。
}
```

（6）程序解密

① 初始化数码管函数 sevseg.begin( )

原型：sevseg.begin(hardwareConfig, numDigits, digitPins, segmentPins)

hardwareConfig：区分使用的是共阳极数码管还是共阴极数码管。

COMMON_CATHODE：共阴极；COMMON_ANODE：共阳极。

numDigits：数码管位数。

digitPins：存储数码管公共极连接的引脚号。

本库函数一般驱动四位数码管，例如本例如果只用一位数码管，数组第一个填写为 12（引脚），其他三个可以填入未使用的引脚。

segmentPins：用来存储数码管 a ～ h 所对应连接的引脚。

② 数码管显示函数 sevseg.setNumber( )

原型：sevseg.setNumber(numToShow, decPlaces)

numToShow：需要显示的数据，可以为整数、浮点数。

decPlaces：小数点显示的位置，从最低有效位开始计算，若省略或者设置为 -1，则表示不显示小数点。

③ 函数 sevseg.refreshDisplay( )

不断刷新才能使数码管显示，若程序中有其他延时则会对显示产生影响。

（7）演示视频二维码

动手实验二 数码管自动累加显示数字

实现功能：0 ～ 9 自加，并且在数码管上显示。

（1）所需硬件

名称	数量	图示
一位 0.56in 数码管（共阳极）	1	

续表

名称	数量	图示
电阻 220Ω	1	

（2）硬件电路连接

Arduino	功能	一位数码管	功能
D3	数字接口	a	段码
D4	数字接口	b	段码
D5	数字接口	c	段码
D6	数字接口	d	段码
D7	数字接口	e	段码
D8	数字接口	f	段码
D9	数字接口	g	段码
D10	数字接口	h	段码
D12	数字接口	A	共公阻极

（3）电路原理图

参照动手实验一。

（4）演示实物

如图 3-12-14 所示。

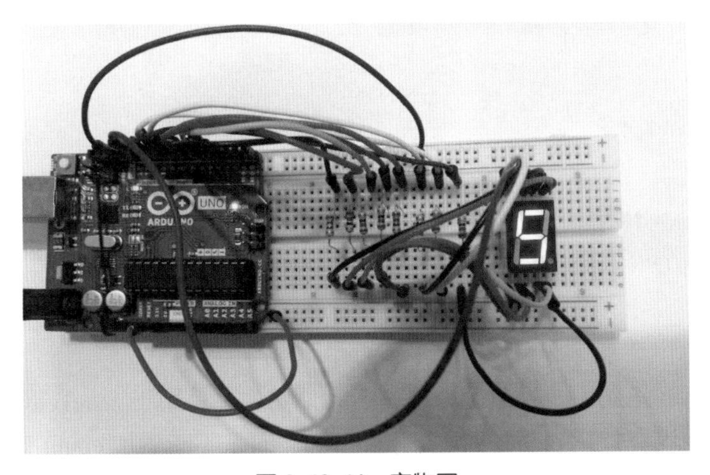

图 3-12-14　实物图

（5）程序设计

```
#include "SevSeg.h"
SevSeg sevseg;
byte numDigits = 1;
byte digitPins[ ] = {12, 1, 1, 1};                    //数码管公共极连接 Arduino 的引脚。
byte segmentPins[ ] = {3, 4, 5, 6, 7, 8, 9, 10};      //数码管段路 a、b、c、d、e、f、g、h
                                                        对应的 Arduino 主板引脚。
byte hardwareConfig = COMMON_ANODE;                   //共阳极数码管。
int numToShow;
int count;
void setup( )
{
  sevseg.begin(hardwareConfig, numDigits, digitPins, segmentPins); //初始化数码管。
}
void loop( )
{
  count++;
  if (count == 5000)                                  //通过变量自加来达到延时效果，如果
                                                        使用 delay( ) 函数则会打断数码管显示。
  {
    count = 0;
    numToShow++;
  }
  if (numToShow > 9)
  {
    numToShow = 0;
  }
  sevseg.setNumber(numToShow, -1);                    //设置显示数据，不显示小数点。
  sevseg.refreshDisplay( );                           //刷新数码管显示。
}
```

（6）程序解密

第一个 if 语句主要是延时，第二个 if 语句主要是用于显示数据。

程序中没有使用 delay( ) 函数进行延时，而是不断累加 count 变量，达到 if 语句判断条件时，变量 numToShow 累加。若使用 delay( ) 函数进行延时，

在等待延时的这段时间，数码管无法刷新数据，就会出现闪烁等现象。

（7）演示视频二维码

动手实验三 按键计数器

实现功能：按键的次数在四位数码管上显示出来。

（1）所需硬件

名称	数量	图示
四位一体 0.56in 数码管（共阳极）	1	
电阻 220Ω	1	
按键	1	

（2）硬件电路连接

Arduino	功能	一位数码管	功能
D3	数字接口	a	段码
D4	数字接口	b	段码
D5	数字接口	c	段码
D6	数字接口	d	段码
D7	数字接口	e	段码

续表

Arduino	功能	一位数码管	功能
D8	数字接口	f	段码
D9	数字接口	g	段码
D10	数字接口	h	段码
A1	模拟接口	W1	位码
A2	模拟接口	W2	位码
A3	模拟接口	W3	位码
A4	模拟接口	W4	位码

（3）电路原理图

如图 3-12-15 所示。

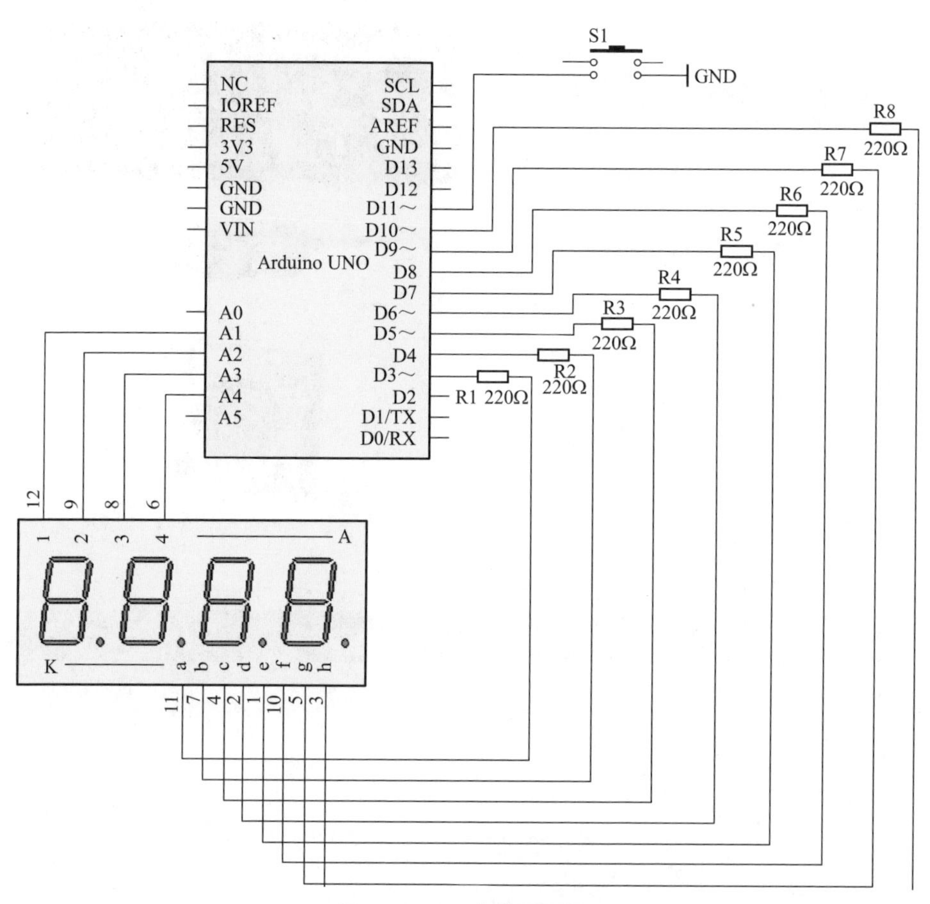

图 3-12-15 电路原理图

（4）演示实物

如图 3-12-16 所示。

图 3-12-16　实物图

（5）程序设计

```
#include "SevSeg.h"
SevSeg sevseg;
int button = 11;
byte numDigits = 4;                          // 数码管位数。
byte digitPins[ ] = {15, 16, 17, 18};        // 数码管公共极连接 Arduino 的引脚，对应 A1、
                                               A2、A3、A4。
byte segmentPins[ ] = {3, 4, 5, 6, 7, 8, 9, 10}; // 数码管段码 a、b、c、d、e、f、g、h 对应的
                                               Arduino 主板引脚。
byte hardwareConfig = COMMON_ANODE ;         // 共阴极数码管。
int numToShow;
void setup( )
{
  pinMode(button, INPUT_PULLUP);             // 上拉功能。
  sevseg.begin(hardwareConfig, numDigits, digitPins, segmentPins); // 初始化数码管。
```

```
}
void loop( )
{
  if (digitalRead(button) == 0)                    // 判断按键状态。
  {
    delay(20);
    if (digitalRead(button) == 0)
    {
      numToShow++;
      while (digitalRead(button) == 0);
    }
  }
  if (numToShow > 9999 )
  {
    numToShow = 0;
  }
  sevseg.setNumber(numToShow, -1);         // 设置要显示的数据，不显示小数点。
  sevseg.refreshDisplay( );                // 刷新数码管显示。
}
```

（6）程序解密

byte digitPins[ ] = {15, 16, 17, 18} 是数码管公共极连接 Arduino 的引脚，对应 A1、A2、A3、A4。

数码管的位码选取的是四个模拟接口，不要忘了，模拟接口也可以作数字接口使用，只不过 A0 对应的数字接口是 14，A1 对应的数字接口是 15，依次类推。

（7）演示视频二维码

第十三节　温度传感器 DS18B20

数字化温度传感器，电路简单、测温精度高、响应迅速，广泛应用于工业生产及日常生活中。

本书采用 DALLAS 公司生产的温度传感器，型号为 DS18B20，外围电路非常简洁。

DS18B20 的外观如图 3-13-1 所示。

图 3-13-1　DS18B20 的外观

DS18B20 的引脚排列如图 3-13-2 所示。

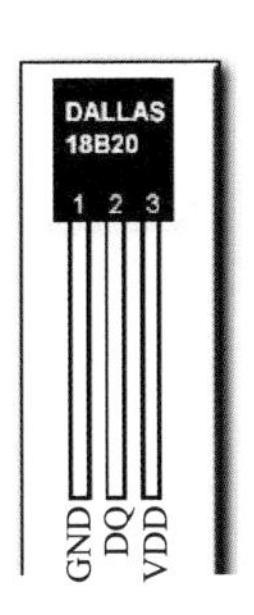

图 3-13-2　DS18B20 的引脚排列

GND 为电源地，DQ 为数据输入 / 输出，VDD 为电源输入端。

DS18B20 图形符号如图 3-13-3 所示，用 U 表示。

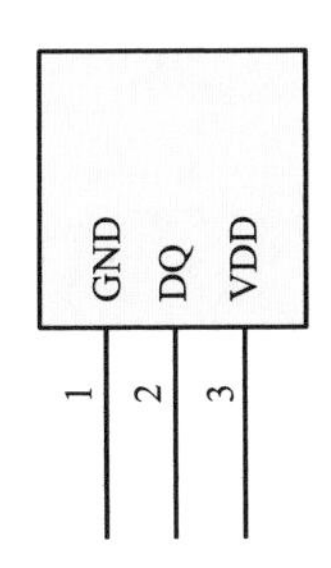

图 3-13-3　DS18B20 图形符号

由于DS18B20温度传感器本身没有输出高电平的能力，在单片机读取“1”（即高电平）时，必须使用其他方式，一般在信号输入/输出端子DQ接一个上拉电阻，上拉电阻的典型阻值为10kΩ，如图3-13-4所示。

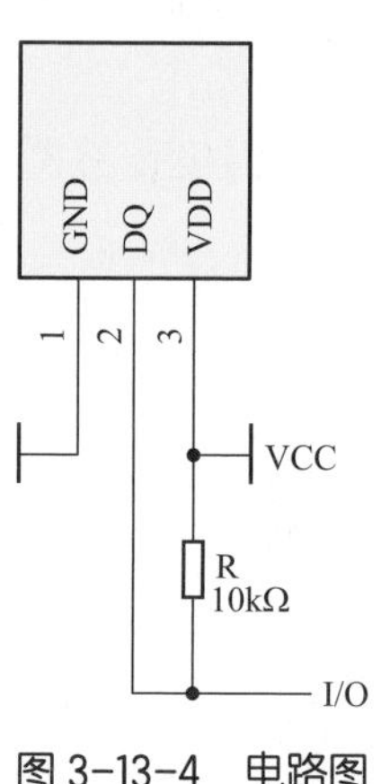

图 3-13-4　电路图

动手实验一　串口显示温度值

实现功能：串口显示测温数值。

（1）所需硬件

名称	数量	图示
DS18B20	1	
电阻 10kΩ	1	

（2）硬件电路连接

Arduino	功能	DS18B20	功能
5V	电源正极	VDD	正极
GND	电源负极	GND	负极
D19	数字接口	DQ	反馈信号

（3）程序设计

```
#include<OneWire.h>                     //调用单总线库。
#include<DallasTemperature.h>           //调用传感器 DS18B20 库。
#define datapin 9                       //定义 DS18B20 传感器数据传输引脚。
OneWire onewire(datapin);
DallasTemperature sensors(&onewire);
void setup( )
{
  Serial.begin(9600);                   //初始化串口。
  Serial.println(" 传感器 DS18B20 实时采集温度 ");
  sensors.begin( );                     //初始化温度传感器 DS18B20。
}
void loop( )
{
   sensors.requestTemperatures( );      //对传感器发送请求。
   Serial.print(" 温度：");             //串口打印。
   float val=sensors.getTempCByIndex(0); //读取温度值，并赋值给 val。
   Serial.print(val);                   //打印温度值。
   Serial.println(" ℃ ");               //打印温度符号。
   delay(2000);                         //延时 2s。
}
```

（4）程序解密

将 <OneWire.h>、<DallasTemperature.h> 两个库文件放到 Library 文件夹中，否则编译程序会提示错误。

串口显示温度如图 3-13-5 所示。

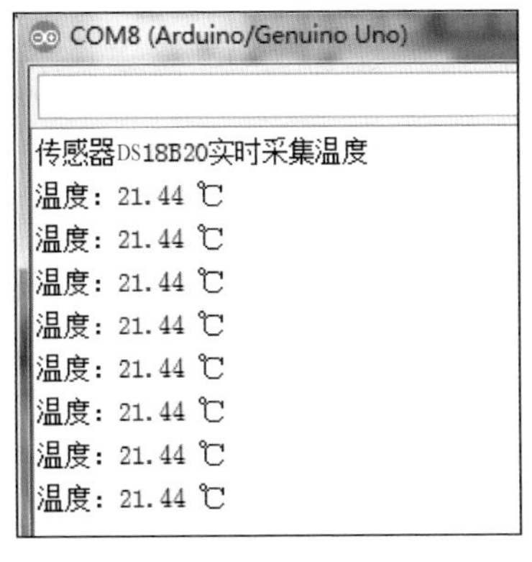

图 3-13-5　串口显示温度

（5）演示实物

如图 3-13-6 所示。

图 3-13-6 实物图

（6）演示视频二维码

动手实验二 液晶温度器

实现功能：LCD1602 显示温度值。

（1）所需硬件

名称	数量	图示
DS18B20	1	

续表

名称	数量	图示
电阻 10kΩ	1	
LCD1602	1	

（2）硬件电路连接

Arduino	功能	DS18B20	功能	LCD1602	功能
5V	电源正极	VDD	正极	D7	数据
GND	电源负极	GND	负极	D6	数据
D9	数字接口	DQ	反馈信号	D5	数据
D2	数字接口			D4	数据
D3	数字接口			E	使能信号
D4	数字接口			RS	数据 / 命令选择
D5	数字接口				
D6	数字接口				
D7	数字接口				

（3）程序设计

```
#include <LiquidCrystal.h>              //调用 Liquid Crystal 库。
#include<OneWire.h>                     //调用单总线库。
LiquidCrystal lcd(7, 6, 5, 4, 3, 2);    //初始化，设置 LCD1602 的引脚。
#include<DallasTemperature.h>           //调用传感器 DS18B20 库。
#define datapin 9                       //定义 DS18B20 传感器数据传输引脚。
OneWire onewire(datapin);
DallasTemperature sensors(&onewire);
void setup( )
```

```
{
  sensors.begin( );                       // 初始化温度传感器 DS18B20。
  lcd.begin(16, 2);                       // 初始化 LCD1602 设置行列值。
  lcd.print("Welcome to ");
  lcd.setCursor(5, 1);
  lcd.print("fsm studio");
  delay(3000);
  lcd.clear( );                           // 清屏。
}
void loop( )
{
  sensors.requestTemperatures( );         // 对传感器发送请求。
  float val = sensors.getTempCByIndex(0); // 读取温度值，并赋值给 val。
  lcd.setCursor(0, 1);                    // 显示第 2 行、第 1 列位置。
  lcd.print(val);
  lcd.setCursor(6, 1);                    // 显示第 2 行、第 7 列位置。
  lcd.print("C");
  if (val > 30)
  {
    lcd.setCursor(0, 0);
    lcd.print(" It's hot !!! ");
  }
  else
  {
    lcd.setCursor(0, 0);
    lcd.print("Temperatures:");
  }
  delay(1000);
}
```

（4）程序解密

大部分程序都是前面学习过的，在此综合利用。

① 初始化基本信息

```
void setup( )
{
```

```
  sensors.begin( );                    // 初始化温度传感器 DS18B20。
  lcd.begin(16, 2);                    // 初始化 LCD1602 设置行列值。
  lcd.print("Welcome to ");
  lcd.setCursor(5, 1);
  lcd.print("fsm studio");
  delay(3000);
  lcd.clear( );                        // 清屏。
}
```

开机显示画面 3s，如图 3-13-7 所示。

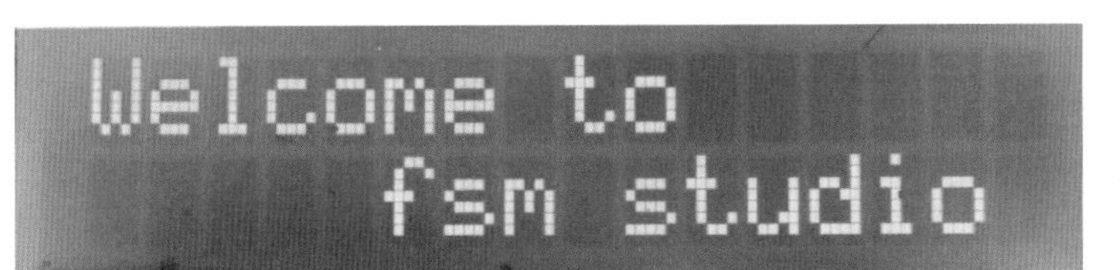

图 3-13-7　开机显示画面

② 显示温度的一些信息

```
if (val > 30)
  {
    lcd.setCursor(0, 0);
    lcd.print(" It's hot !!! ");
  }
  else
  {
    lcd.setCursor(0, 0);
    lcd.print("Temperatures:");
  }
```

当温度超过 30℃时，显示信息如图 3-13-8 所示；否则显示信息如图 3-13-9 所示。

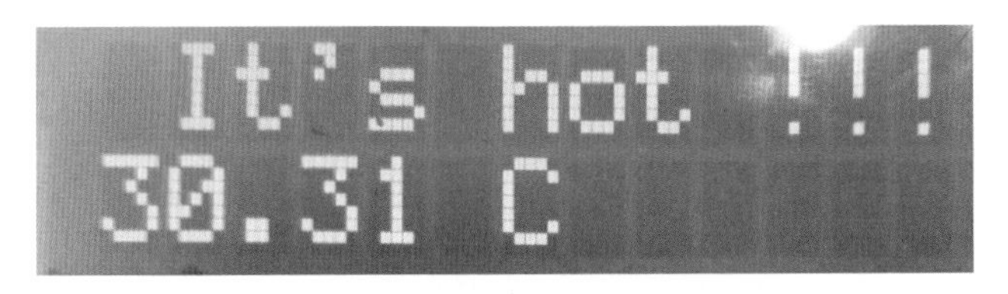

图 3-13-8　温度超过 30℃时的显示信息

Temperatures:
24.62 C

图 3-13-9 温度不超过 30℃时的显示信息

（5）演示实物

如图 3-13-10 所示。

图 3-13-10 实物图

（6）演示视频二维码

知识链接 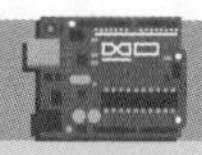 **如何加载库文件**

在程序中使用库文件后，就可以非常方便地使用传感器、液晶显示器等，IDE 内置了许多库文件，比如 Servo(舵机库文件)，对于没有内置的库文件，可以通过以下方法加载。

方法一：通过“项目”－“加载库”－“管理库”，如图 3-13-11 所示，搜索所需要的库文件，如图 3-13-12 所示。

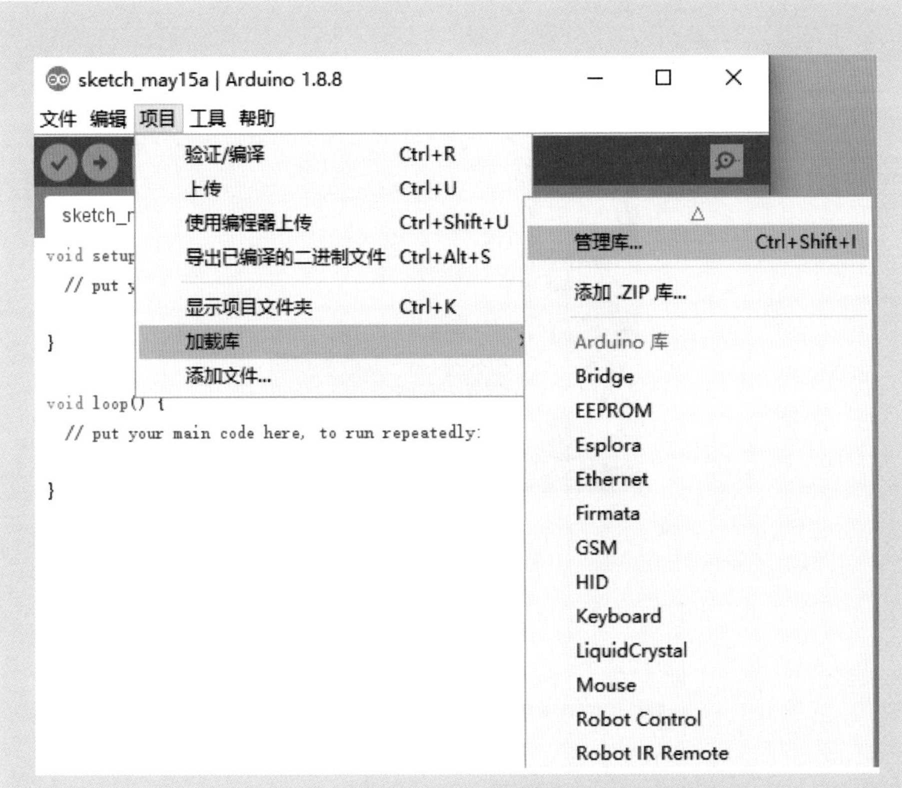

图 3-13-11　管理库

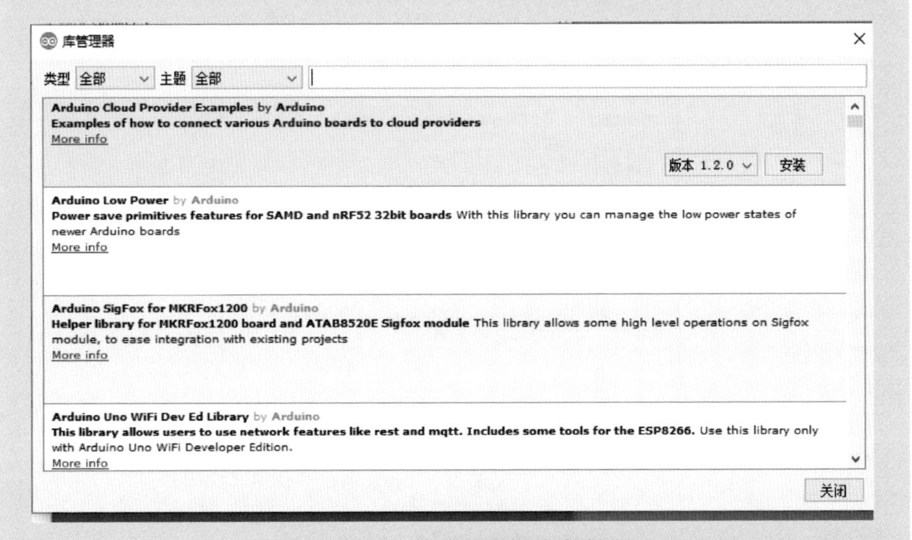

图 3-13-12　搜索所需要的库文件

搜索完毕，等待Arduino软件（IDE）安装新库，下载可能需要一段时间。

方法二：通过网络下载的库文件，加载方法如下。

步骤1，桌面快捷方式，右键“属性”，如图3-13-13所示。

图3-13-13 右键属性

步骤2，打开文件夹所在的位置，如图3-13-14所示。

图3-13-14 打开文件夹

步骤3，将网上下载好的库文件，放到libraries文件夹中，如图3-13-15所示。

图 3-13-15　加载库文件

第十四节　超声波测距

超声波是一种振动频率超过 20kHz 的机械波，沿直线方向传播，传播方向性好，传播距离也较远，在介质中传播时遇到障碍物就会产生反射波。由于超声波的以上特点，因此被广泛地应用于物体距离的测量中。

知识链接

HC-SR04超声波模块是一款较好的模块，上面设计有超声波发射探头、接收探头、信号放大集成电路等，这里直接采用该模块，简化了设计电路。

（1）模块正面与反面

如图 3-14-1 所示，模块共四个引脚，VCC 为 5V 供电，Trig 为触发信号输入，Echo 为回响信号输出，GND 为电源地。

图 3-14-1　超声波模块

（2）超声波时序

如图 3-14-2 所示，只要单片机给超声波模块 Trig 引脚 10μs 以上的脉冲触发信号，模块内部自动发送 8 个 40kHz 的脉冲，一旦检测到反射信号，即输出回响信号（Echo 引脚），回响信号脉冲宽度与被测距离成正比。

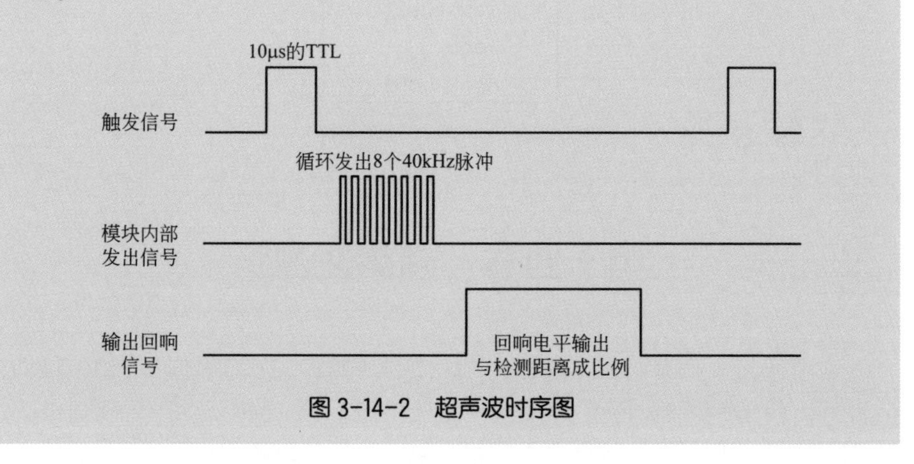

图 3-14-2　超声波时序图

（3）使用模块注意事项

被测物表面积不小于 $0.5m^2$，并且表面平整，否则影响被测距离的精度。

动手实验　超声波测距

实现功能：串口显示测距，同时当被测距离大于 20cm 时，LED 点亮。

（1）所需硬件

名称	数量	图示
超声波模块（HC-SR04）	1	
电阻 220Ω	1	

续表

名称	数量	图示
LED 5mm（红）	1	

（2）硬件电路连接

Arduino	功能	超声波模块	功能
5V	电源正极	VCC	正极
GND	电源负极	GND	负极
D11	数字接口	Echo	反馈信号
D12	数字接口	Trig	触发信号
D3	数字接口（LED3）		

（3）布局图

如图 3-14-3 所示。

图 3-14-3　布局图

（4）程序设计

```
int LED3 = 3;
int trig = 12;                    //触发。
```

```
int echo = 11;                              // 反馈。
void setup( )
{
  pinMode(echo, INPUT);
  pinMode(trig, OUTPUT);
  Serial.begin(9600);
  pinMode(LED3, OUTPUT);
}
void loop( )
{
  long IntervalTime = 0;                    // 时间变量。
  digitalWrite(trig, HIGH);                 // 高电平。
  delayMicroseconds(15);                    // 延时 15μs。
  digitalWrite(trig, LOW);                  // 低电平。
  IntervalTime = pulseIn(echo, HIGH);       // 自带函数采样反馈的高电平的宽度，单位μs。
  float S = IntervalTime / 58.00;           // 使用浮点计算出距离，单位 cm。
  Serial.print(" 测距：");
  Serial.print(S);                          // 通过串口输出距离数值。
  Serial.println(" cm");
  if (S > 20)
  {
    digitalWrite(LED3, HIGH);
  }
  else
  {
    digitalWrite(LED3, LOW);
  }
  S = 0;
  IntervalTime = 0;                         // 清零。
  delay(500);                               // 延时。

}
```

（5）程序解密

函数 pulseIn(pin, value)

pin：进行脉冲计时的引脚。

value：要读取的脉冲类型，HIGH 或 LOW。如果是 HIGH，函数将等引脚变为高电平后，开始计时，直到引脚变为低电平。

串口读取的测距数值如图 3-14-4 所示。

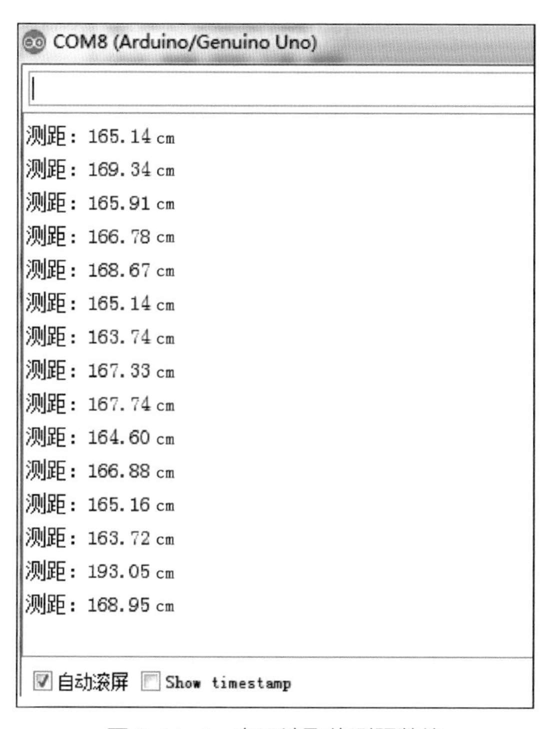

图 3-14-4　串口读取的测距数值

（6）演示实物

如图 3-14-5 所示。

图 3-14-5　实物图

（7）演示视频二维码

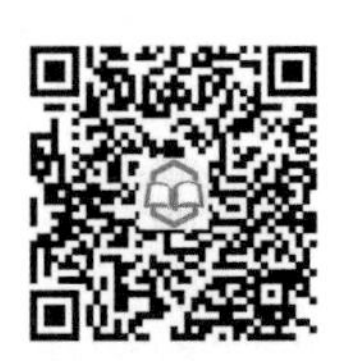

第十五节　中断

Arduino 程序是在 loop( ) 中不断循环的，程序在运行的过程中，当中断触发时，会停止正在运行的主程序，而跳转至运行中断程序，中断程序运行完后，会再回到之前的主程序，继续运行主程序。

中断函数原型：attachInterrupt(interrupt, function, mode);

interrupt 为中断类型（0 或 1）。如选择中断 0, 硬件连接数字引脚 D2；如选择中断 1, 硬件连接数字引脚 D3。

function 为要调用中断函数。

mode 为中断触发模式，具体如下：

low 当针脚输入为低时，触发中断；

change 当针脚输入发生变化时，触发中断；

rising 当针脚由低变高时，触发中断；

falling 当针脚由高到低时，触发中断。

动手实验一 中断切换 **LED** 开关状态

实现功能：按键（中断）切换 LED 的亮 / 灭状态。

（1）所需硬件

名称	数量	图示
按键	1	

续表

名称	数量	图示
电阻 10kΩ	1	

（2）硬件电路连接

使用主板集成的 LED 实验，采用中断 0（pin 2），电平上升沿触发。

Arduino	功能	中断	功能
D2	数字接口	按键	信号输入
D13	数字接口（板载 LED）		

（3）布局图

如图 3-15-1 所示。

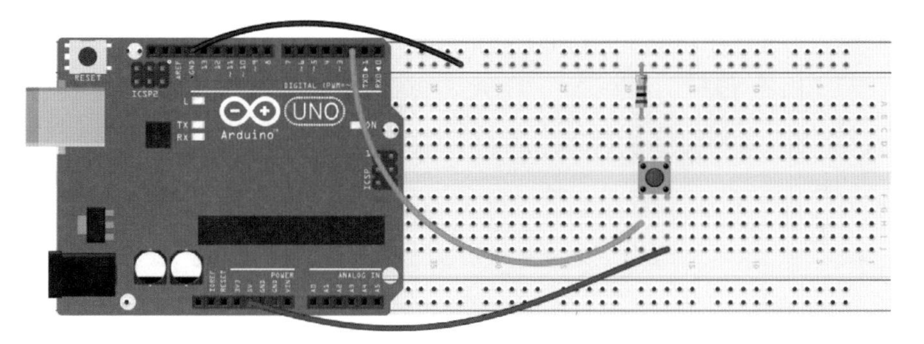

图 3-15-1 布局图

（4）程序设计

```
int LED = 13;
int state = 0;
void setup( )
{
  pinMode(LED, OUTPUT);
  attachInterrupt(0, zd, RISING );                //当电平变为高电平时，触发中断函数 zd( )。
}
void loop( )
{
```

```
  digitalWrite(LED, state);
}
void zd( )                              // 中断函数。
{
  state = !state;
}
```

(5) 演示视频二维码

动手实验二 中断函数进阶实验

实现功能：中断触发，LED7 点亮 1s，之后 LED13 闪烁。

(1) 所需硬件

名称	数量	图示
按键	1	
电阻 10kΩ	1	
LED	1	

（2）硬件电路连接

使用主板集成的 LED 实验，采用中断 0（pin 2），电平上升沿触发。

Arduino	功能	中断	功能
D2	数字接口	按键	信号输入
D13	数字接口（板载 LED）		
D7	数字接口（LED7）		

（3）布局图

如图 3-15-2 所示。

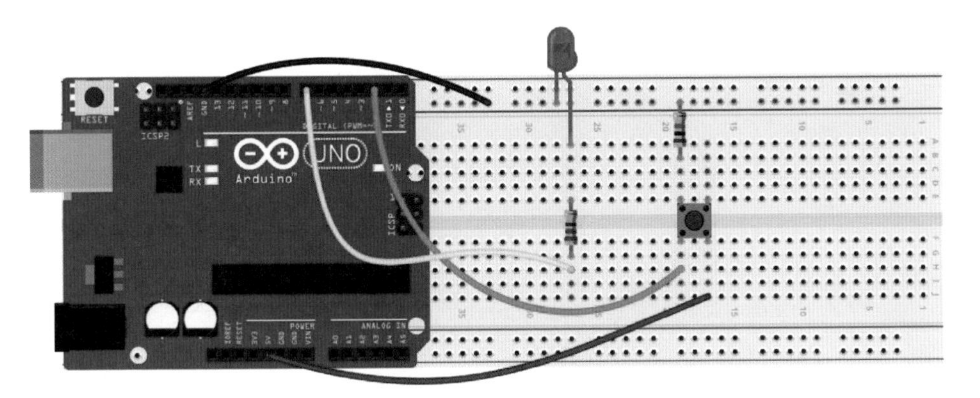

图 3-15-2 布局图

（4）程序设计

```
int LED7 = 7;
int LED3 = 13;
int state = 0;
void setup( )
{
  pinMode(LED3, OUTPUT);
  pinMode(LED7, OUTPUT);
  attachInterrupt(0, zd, RISING);                    // 由低变高触发中断。
}
void loop( )
{
  if (state != 0)
```

```
    {
      digitalWrite(LED7, HIGH);
      delay(1000);
      digitalWrite(LED7, LOW);
      state = 0;                    // 变量重新赋值等于 0。
    }
    else
    {
      digitalWrite(LED3, HIGH);
      delay(100);
      digitalWrite(LED3, LOW);
      delay(100);
    }
  }
void zd( )                          // 中断函数。
{
  state ++;
}
```

（5）演示视频二维码

第十六节　I/O 扩展利器——74HC595

74HC595 是一个 8 位串行转并行的芯片（I/O 扩展）。在 SHCP（数据输入时钟线）的上升沿，串行数据依次输入到内部的 8 位位移缓存器，而并行输出则是在 STCP（数据输出预存时钟线）的上升沿将 8 位位移缓存器的数据存入到 8 位并行输出缓存器。74HC595 芯片外观如图 3-16-1 所示。

图 3-16-1　74HC595 芯片外观

引脚功能如下。

引脚	名称	功能
1	Q1	数据输出
2	Q2	数据输出
3	Q3	数据输出
4	Q4	数据输出
5	Q5	数据输出
6	Q6	数据输出
7	Q7	数据输出
8	GND	负极（地）
9	Q7′	串行数据输出（级联）
10	MR	主复位（接 VCC）
11	SHCP	数据输入时钟线
12	STCP	数据输出锁存时钟线
13	OE	输出有效（接负极）
14	DS	串行数据输入
15	Q0	数据输出
16	VCC	正极

如何移位呢？举例描述，将串行数据 11110010 依次输出，输出方法：采用先送低位，后送高位，也就是先从 0 开始。详细步骤如下。

第一步

SHCP 引脚置低电平

传输 11110010 第一位 0

SHCP 引脚置高电平

运行结果：

0							

第二步

SHCP 引脚置低电平

传输 11110010 第二位 1

SHCP 引脚置高电平

运行结果：

1	0						

第三步

SHCP 引脚置低电平

传输 11110010 第三位 0

SHCP 引脚置高电平

运行结果：

0	1	0					

第四步

SHCP 引脚置低电平

传输 11110010 第四位 0

SHCP 引脚置高电平

运行结果：

0	0	1	0				

第五步

SHCP 引脚置低电平

传输 11110010 第五位 1

SHCP 引脚置高电平

运行结果：

1	0	0	1	0			

第六步

SHCP 引脚置低电平

传输 11110010 第六位 1

SHCP 引脚置高电平

运行结果：

1	1	0	0	1	0		

第七步

SHCP 引脚置低电平

传输 11110010 第七位 1

SHCP 引脚置高电平

运行结果：

1	1	1	0	0	1	0	

第八步

SHCP 引脚置低电平

传输 11110010 第八位 1

SHCP 引脚置高电平

运行结果：

1	1	1	1	0	0	1	0

74HC595 初体验

实现功能：将一组数据 11110010，通过编写程序，采用 74HC595 驱动 8 个 LED 实现花样流水效果。

只占用 Arduino 主板 3 个 I/O 接口。

（1）所需硬件

名称	数量	图示
74HC595	1	
电阻 220Ω	8	
LED（5mm）红	8	

（2）硬件电路连接

Arduino	功能	74HC595	功能
5V	电源正极	VCC	正极
GND	电源负极	GND	负极
D2	数字接口	SHCP（11）	数据输入时钟线
D3	数字接口	STCP（12）	数据输出锁存时钟线
D4	数字接口	DS（14）	串行数据输入

（3）电路原理图

如图 3-16-2 所示。

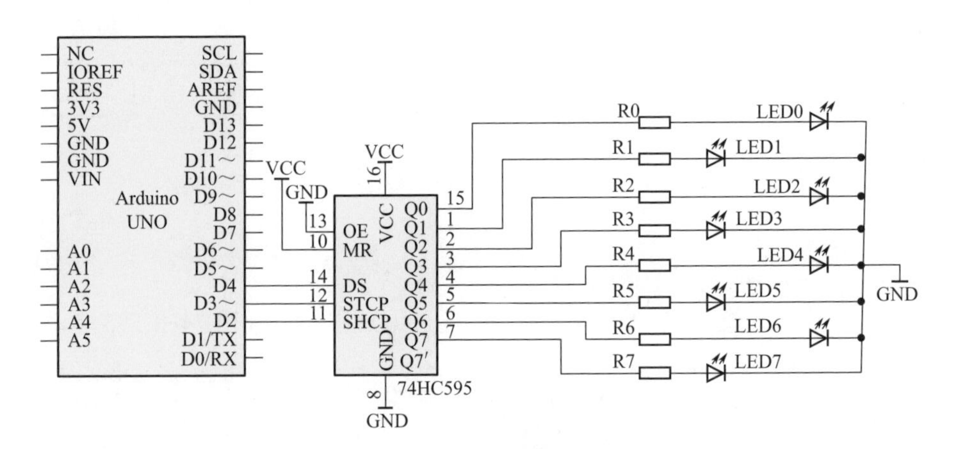

图 3-16-2　电路原理图

(4) 布局图

如图 3-16-3 所示。

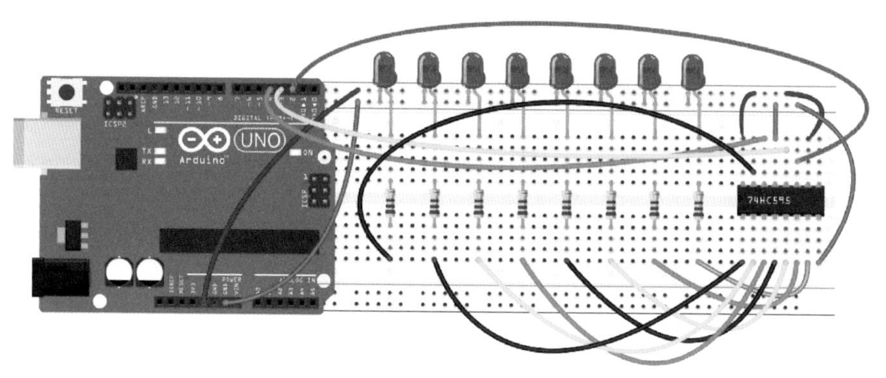

图 3-16-3　布局图

(5) 程序设计

```
int SHCP = 2;
int STCP = 3;
int DS = 4;
void setup( )
{
  pinMode(SHCP, OUTPUT);
  pinMode(STCP, OUTPUT);
  pinMode(DS, OUTPUT);
}
void loop( )
{
  digitalWrite(STCP, LOW);              //将 STCP 加低电平让芯片准备好接收数据。
  xianshi( );
  digitalWrite(STCP, HIGH);             //将 STCP 这个引脚恢复到高电平。
}
void xianshi( )
{
  digitalWrite(SHCP, LOW);
  digitalWrite(DS, 0);
  digitalWrite(SHCP, HIGH);
```

```
  digitalWrite(SHCP, LOW);
  digitalWrite(DS, 1);
  digitalWrite(SHCP, HIGH);

  digitalWrite(SHCP, LOW);
  digitalWrite(DS, 0);
  digitalWrite(SHCP, HIGH);

  digitalWrite(SHCP, LOW);
  digitalWrite(DS, 0);
  digitalWrite(SHCP, HIGH);

  digitalWrite(SHCP, LOW);
  digitalWrite(DS, 1);
  digitalWrite(SHCP, HIGH);

  digitalWrite(SHCP, LOW);
  digitalWrite(DS, 1);
  digitalWrite(SHCP, HIGH);

  digitalWrite(SHCP, LOW);
  digitalWrite(DS, 1);
  digitalWrite(SHCP, HIGH);

  digitalWrite(SHCP, LOW);
  digitalWrite(DS, 1);
  digitalWrite(SHCP, HIGH);
}
```

（6）程序解密

digitalWrite(SHCP, LOW) 为低电平。

digitalWrite(DS, 0) 为准备好数据。

digitalWrite(SHCP, HIGH) 为高电平。

经过以上步骤，将数据 0 移位到寄存器。

然后将要发送的数据封装函数，在 loop( ) 函数中调用 xianshi( )。

（7）演示实物

如图 3-16-4 所示。

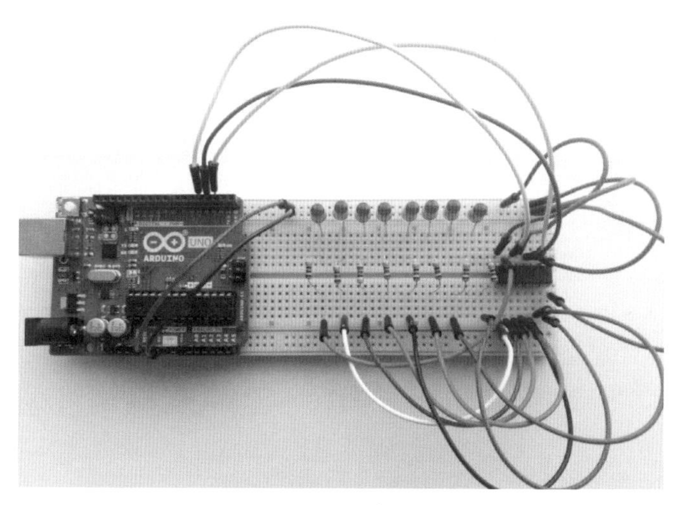

图 3-16-4　实物图

（8）演示视频二维码

动手实验二　74HC595 移位芯片驱动花样 LED

实现功能：74HC595 驱动花样 LED。

所需硬件、电路原理图、布局图参照动手实验一（使用 Arduino 提供移位函数，程序非常简化）。

（1）程序设计

```
int SHCP = 2;
int STCP = 3;
int DS = 4;
void setup( )
```

```
{
  pinMode(STCP, OUTPUT);
  pinMode(SHCP, OUTPUT);
  pinMode(DS, OUTPUT);
}
void loop( )
{
  for (int i = 0; i < 256; i++)
  {
    digitalWrite(STCP, LOW);              //将STCP加低电平让芯片准备好接收数据。
    shiftOut(DS, SHCP, LSBFIRST, i);
    digitalWrite(STCP, HIGH);             //将STCP这个引脚恢复到高电平。
    delay(100);                           //延时0.1s。
  }
}
```

（2）程序解密

shiftOut( ) 函数

功能：将数据在时钟引脚脉冲控制下按位移出写入到数字引脚。

函数原型：

shiftOut(dataPin, clockPin, bitOrder, value)

参数：

dataPin(DS)：数据输入引脚。

ClockPin(SHCP)：时钟引脚。

bitOrder: 移位顺序。MSBFIRST（高位在前，也就是从一串数据的左边开始）、LSBFIRST（低位在前，也就是从一串数据的右边开始）。

value: 需要移位的数据。

（3）演示视频二维码

第十七节　数字温度计

采用 0.56in 四位一体共阳极数码管以及 LM35 温度传感器，设计一款数码管温度计。数码管共 12 个引脚，其中第 12、9、8、6 引脚分别为第一、二、三、四位的位码，其余的 8 个引脚是段码。

动手实验
数码管温度计显示环境温度

实现功能：传感器使用 LM35，在数码管上实时显示环境温度。

（1）所需硬件

名称	数量	图示
四位一体数码管（共阳极）	1	
电阻 220Ω	8	
LM35 温度传感器	1	
74HC595	1	

（2）硬件电路连接

Arduino	功能	74HC595	功能
5V	电源正极	VCC	正极
GND	电源负极	GND	负极
D2	数字接口	SHCP	数据输入时钟线
D3	数字接口	STCP	数据输出锁存时钟线
D3	数字接口	DS	串行数据输入
A2	模拟接口（LM35）		
D8	数字接口（数码管位 1）		
D9	数字接口（数码管位 2）		
D10	数字接口（数码管位 3）		
D11	数字接口（数码管位 4）		

（3）电路原理图

如图 3-17-1 所示。

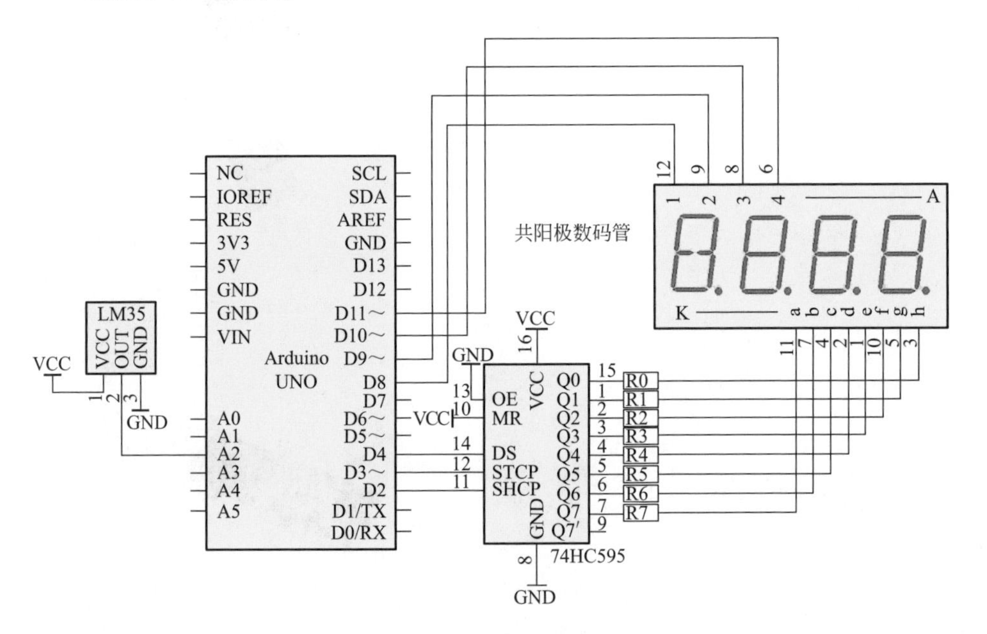

图 3-17-1 电路原理图

（4）程序设计

```
int SHCP = 2;
int STCP = 3;
int DS = 4;
int sw1 = 8;
int sw2 = 9;
int sw3 = 10;
int sw4 = 11;
int table[ ] = {0xc0, 0xf9, 0xa4, 0xb0, 0x99, 0x92, 0x82, 0xf8, 0x80, 0x90, 0x9c, 0xc6};// 共阳极
数码管数字段码。
void setup( )
{
  pinMode(STCP, OUTPUT);
  pinMode(SHCP, OUTPUT);
  pinMode(DS, OUTPUT);
  pinMode(sw1, OUTPUT);
  pinMode(sw2, OUTPUT);
  pinMode(sw3, OUTPUT);
  pinMode(sw4, OUTPUT);
  Serial.begin(9600);                    // 初始化串口。
}
void loop( )
{
  int val;
  int dat;
  val = analogRead(2);                   // 温度传感器接到模拟接口上。
  dat = val * (5 / 10.24);
  Serial.print("fsm studio Tep:");
  Serial.print(dat);
  Serial.println("C");
```

```
    digitalWrite(STCP, LOW);
    shiftOut(DS,SHCP, LSBFIRST, table[dat / 10]);
    digitalWrite(STCP, HIGH);
    digitalWrite(sw1, HIGH);
    delay(5);
    digitalWrite(sw1, LOW);

    digitalWrite(STCP, LOW);
    shiftOut(DS,SHCP, LSBFIRST, table[dat % 10]);
    digitalWrite(STCP, HIGH);
    digitalWrite(sw2, HIGH);
    delay(5);
    digitalWrite(sw2, LOW);

    digitalWrite(STCP, LOW);
    shiftOut(DS,SHCP, LSBFIRST, table[10]);
    digitalWrite(STCP, HIGH);
    digitalWrite(sw3, HIGH);
    delay(2);
    digitalWrite(sw3, LOW);

    digitalWrite(STCP, LOW);
    shiftOut(DS,SHCP, LSBFIRST, table[11]);
    digitalWrite(STCP, HIGH);
    digitalWrite(sw4, HIGH);
    delay(2);
    digitalWrite(sw4, LOW);
}
```

（5）程序解密

① int table[ ] = {0xc0, 0xf9, 0xa4, 0xb0, 0x99, 0x92, 0x82, 0xf8, 0x80, 0x90, 0x9c, 0xc6};// 共阳极数码管数字段码

依次对应 0、1、2、3、4、5、6、7、8、9 等的段码表。

② 显示温度符号

0x9c 对应的二进制 1001 1100，在数码管上显示“℃”的左上角小圆圈。

0xc6 对应的二进制 1100 0110，在数码管上显示“℃”的“C”。

（6）演示实物

如图 3-17-2 所示。

图 3-17-2　实物图（显示 25℃）

（7）演示视频二维码

第十八节 DHT11数字温湿度传感器

DHT11数字温湿度传感器如图3-18-1所示，传感器包括一个电阻式感湿元件和一个NTC测温元件，该产品具有响应超快、抗干扰能力强、性价比极高等优点。

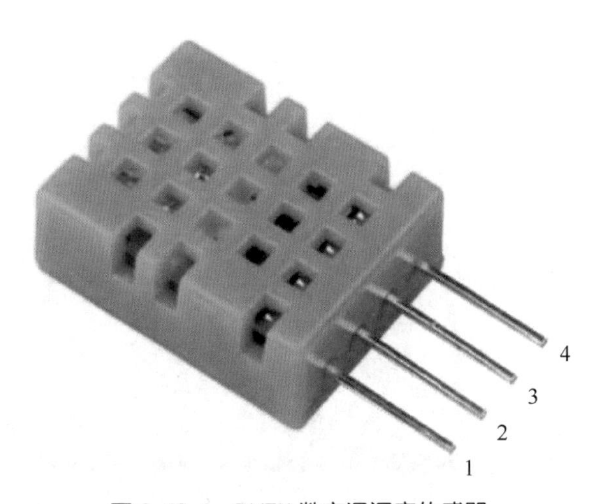

图3-18-1 DHT11数字温湿度传感器

传感器引脚功能如下。

引脚	名称	功能
1	VCC	正极
2	DATA	数据输出
3	NC	空脚
4	GND	负极

串口实时显示湿温数值

实现功能：实时显示湿度与温度。

（1）所需硬件

名称	数量	图示
DHT11	1	
电阻 10kΩ（DHT11 的 1、2 引脚之间接 10kΩ 电阻）	1	

（2）硬件电路连接

Arduino	功能	DHT11	功能
5V	电源正极	VCC	正极
GND	电源负极	GND	负极
D11	数字接口（PWM）	DATA	信号输出

（3）程序设计

```
#include <DHT.h>                          //DHT11 温湿度传感器库文件。
int dhtpin = 11;                          // 定义传感器数据 I/O 引脚。
#define DHTTYPE DHT11                     // 定义传感器的类型。
DHT dht(dhtpin, DHTTYPE);
void setup( )
{
  Serial.begin(9600);                     // 串口初始化。
  dht.begin( );                           //DHT11 传感器开始工作。
}
void loop( )
{
  delay(2000);                            // 延时 2s。
  float h = dht.readHumidity( );          // 读取湿度值，并赋值给 h。
  float t = dht.readTemperature( );       // 读取温度值，并赋值给 t。
  Serial.print("Humidity: ");             // 串口打印湿度英文。
  Serial.print(h);
  Serial.println("%");
```

```
    Serial.print("Temperature: ");                    //串口打印温度英文。
    Serial.print(t);
    Serial.println(" ℃ ");
}
```

（4）程序解密

DHT.h 是 DHT11 库文件。

delay(2000) 表示延时一段时间，给传感器预留时间采集信号。

串口读取数据如图 3-18-2 所示。

```
Temperature: 20.00 ℃
Humidity: 39.00%
Temperature: 20.00 ℃
Humidity: 39.00%
Temperature: 20.00 ℃
Humidity: 40.00%
Temperature: 20.00 ℃
Humidity: 40.00%
Temperature: 20.00 ℃
Humidity: 39.00%
Temperature: 20.00 ℃
Humidity: 40.00%
Temperature: 20.00 ℃
Humidity: 40.00%
Temperature: 20.00 ℃
```

图 3-18-2　串口显示温度与湿度

（5）演示实物

如图 3-18-3 所示。

图 3-18-3　实物图

（6）演示视频二维码

第十九节　舵机

舵机是一种位置（角度）伺服的电机，如图 3-19-1 所示，适用于那些需要角度不断变化并可以保持的控制系统。目前，在飞机、潜艇模型、遥控机器人中应用广泛。本节介绍的舵机转动角度是 0° ～ 180°，舵机内部包括电机、控制电路、机械结构等，每个角度转换需要一定的时间（注意在程序中需要短暂延时）。

图 3-19-1　舵机

舵机引出线一种是棕、红、橙（棕色连接 GND、红色连接 VCC、橙色连接信号 S）；另一种是红、黑、黄（红色连接 VCC、黑色连接 GND、黄色连接信号 S）。

动手实验一　舵机动起来

实现功能：舵机旋转到 0° 位置，2s 后转到 90° 位置，再过 2s 后转到

180° 位置，周而复始。

（1）所需硬件

名称	数量	图示
舵机	1	

（2）硬件电路连接

Arduino	功能	舵机	功能
5V	电源正极	红色线（VCC）	正极
GND	电源负极	棕色线（GND）	负极
D9	数字接口（PWM）	橙色线（S）	信号输入

（3）布局图

如图 3-19-2 所示。

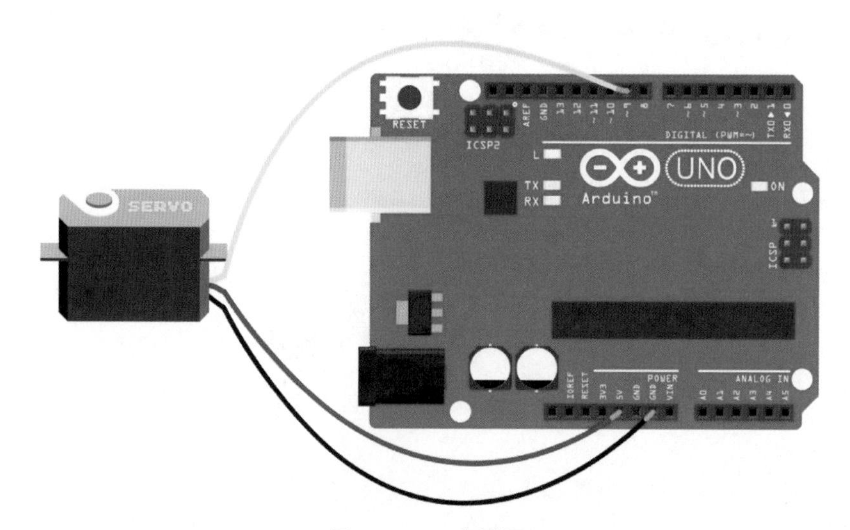

图 3-19-2 布局图

（4）程序设计

```
#include <Servo.h>                //舵机库文件。
Servo myservo;                    //创建控制电机的对象。
```

```
void setup( )
{
  myservo.attach(9);            //引脚 9 控制舵机。
}
void loop( )
{
  myservo.write(0);             //舵机转动到 0° 的位置。
  delay(2000);                  //延时。
   myservo.write(90);           //舵机转动到 90° 的位置。
  delay(2000);                  //延时。
   myservo.write(180);          //舵机转动到 180° 的位置。
  delay(2000);                  //延时。
}
```

(5)程序解密

Servo.h 是舵机库文件。

Servo myservo 创建对象，通俗地讲，就是一个标签。

myservo.attach(9) 表示舵机控制引脚，Arduino 自带函数只能利用数字 9、10 接口。

myservo.write(90) 表示舵机旋转到 90° 的位置，而不是旋转了多少度。

(6)演示实物

如图 3-19-3 所示。

图 3-19-3 实物图

（7）演示视频二维码

动手实验二 舵机运转我掌控

实现功能：舵机 0° ～ 180° 来回转动。

所需硬件、硬件电路连接、布局图参照动手实验一。

（1）程序设计

```
#include <Servo.h>
Servo myservo;
int jd = 0;
void setup( )
{
  myservo.attach(9);
}
void loop( )
{
  for (jd = 0; jd < 180; jd += 1)
  {
    myservo.write(jd);                    // 给舵机写入角度，每次增加 1° 。
    delay(15);                            // 延时 15ms。
  }
  for (jd = 180; jd >= 1;jd -= 1)
  {
    myservo.write(jd);                    // 写角度到舵机，每次减少 1° 。
    delay(15);                            // 延时 15ms。
  }
}
```

（2）程序解密

jd+= 1，等同于 jd=jd+1；

jd-= 1，等同于 jd = jd-1。

（3）演示视频二维码（演示实物与动手实验一相同）

动手实验三　智能光控舵机

实现功能：舵机转动角度随光线强弱而变化（当光线暗到一定程度时，LED 点亮）。

（1）所需硬件

名称	数量	图示
舵机	1	
光敏电阻	1	
电阻 220Ω	1	
电阻 10kΩ	1	
LED（5mm）红	1	

（2）硬件电路连接

Arduino	功能	舵机	功能
5V	电源正极	红色线（VCC）	正极
GND	电源负极	棕色线（GND）	负极
D9	数字接口（PWM）	橙色线（S）	信号输入
A0	模拟接口（光敏电阻）		
D2	数字接口（LED）		

（3）布局图

如图 3-19-4 所示。

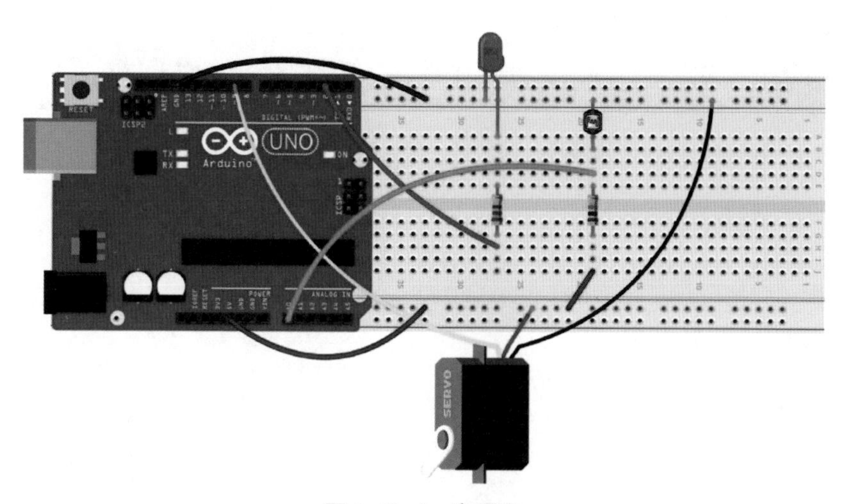

图 3-19-4　布局图

（4）程序设计

```
#include <Servo.h>
int LED = 2;
Servo myservo;
int analogpin = A0;                         //定义变量。
void setup( )
{
  myservo.attach(9);
  pinMode(LED, OUTPUT);
```

```
  Serial.begin(9600);                    //串口初始化。
}
void loop( )
{
  int val = analogRead(analogpin);       //读取光敏电阻的模拟值并赋值给 val。
  if (val > 500)                         //点亮 LED。
  {
    digitalWrite(LED, HIGH);
  }
  else
  {
    digitalWrite(LED, LOW);              //熄灭 LED。
  }
  int num = map(val, 0, 1023, 0, 180);   //数值变换。
  Serial.println(num);                   //串口输出。
  myservo.write(num);
  delay(15);                             //延时 15ms。
}
```

（5）演示实物

如图 3-19-5 所示。

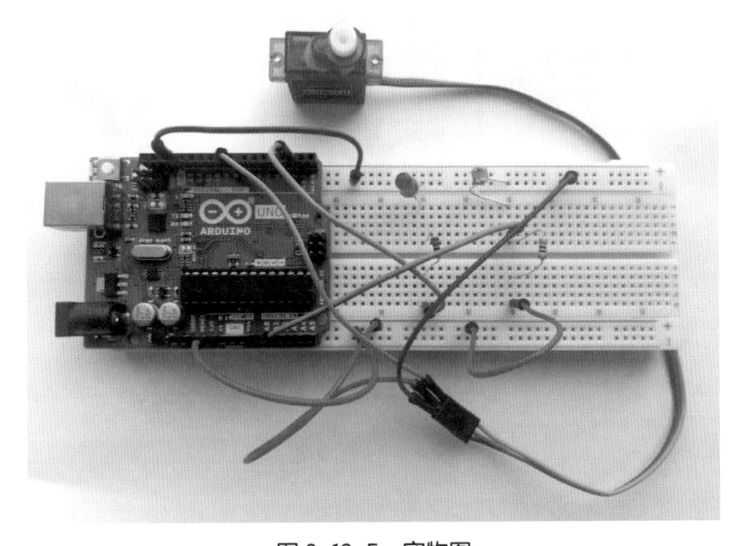

图 3-19-5　实物图

（6）演示视频二维码

第二十节　红外遥控 LED

红外发射和接收的信号是一连串脉冲码。图 3-20-1 是制作中常用的遥控器，遥控器发出的是红外光，可以用手机的照相功能，简单检测它的好坏，按压遥控器按键的同时，镜头对准红外发射头，能看到闪闪发光的，就是好的。能接收遥控信号的是红外接收管，电视机、空调等家电内部都有它的身影，一般情况下，将红外接收管、放大电路等封装在一起称之为红外接收头，如图 3-20-2 所示。

图 3-20-1　遥控器

图 3-20-2 所示的红外接收头，引脚从左到右依次是信号输出 OUT、负极 GND、正极 VCC。本节硬件电路非常简单，就是直接将遥控接收头插在 Arduino 的主板上。

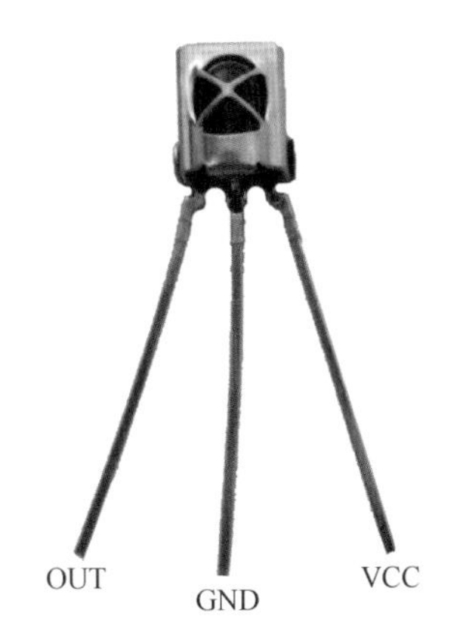

图 3-20-2 一款红外接收头

动手实验一 读取遥控按键值

实现功能：本节程序实现读取遥控器的按键值，并通过串口将按键值发送到电脑。

（1）所需硬件

名称	数量	图示
遥控接收头	1	
遥控器	1	

（2）硬件电路连接

Arduino	功能	遥控接收头	功能
D9	数字接口（模拟正极）	VCC	正极
D10	数字接口（模拟负极）	GND	负极
D11	数字接口	OUT	信号输出

（3）程序设计

```
#include <IRremote.h>
int PIN_RECV = 11;                        //红外数据接口。
IRrecv irrecv(PIN_RECV);
decode_results results;                   //存储编码结果。
int IRVCC = 9;
int IRGND = 10;
void setup( )
{
  Serial.begin(9600);                     //初始化串口。
  irrecv.enableIRIn( );                   //初始化红外解码。
  pinMode(IRVCC, OUTPUT);
  digitalWrite(IRVCC, HIGH);
  pinMode(IRGND, OUTPUT);
  digitalWrite(IRGND, LOW);
}
void loop( )
{
  if (irrecv.decode(&results))
  {
    Serial.println(results.value, HEX);
    irrecv.resume( );                     //接收下一个编码。
  }
   delay(500);
}
```

（4）程序解密

IRremote.h 是红外接收库文件。

if (irrecv.decode(&results)) 判断是否接收到数据。

Serial.println(results.value, HEX) 中参数 HEX 表示十六进制。在串口中，遥控器输出代码用十六进制显示。按压遥控器按键，对应的串口显示如图 3-20-3 所示。

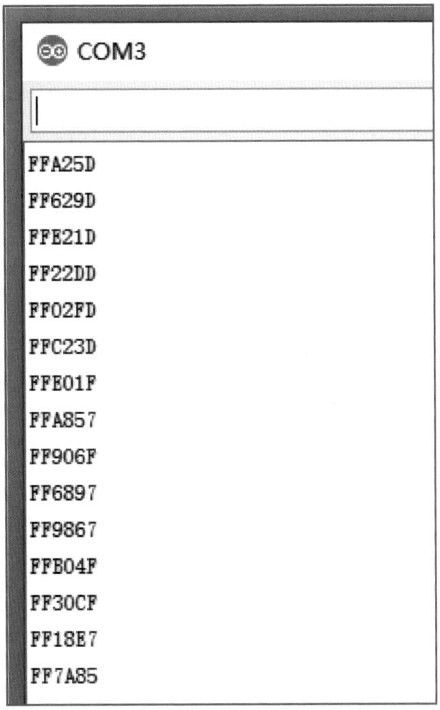

COM3

FFA25D
FF629D
FFE21D
FF22DD
FF02FD
FFC23D
FFE01F
FFA857
FF906F
FF6897
FF9867
FFB04F
FF30CF
FF18E7
FF7A85

图 3-20-3　串口显示按键值

遥控器为七行三列，通过按压每个按键，得到按键值如下。

FFA25D	FF629D	FFE21D
FF22DD	FF02FD	FFC23D
FFE01F	FFA857	FF906F
FF6897	FF9867	FFB04F
FF30CF	FF18E7	FF7A85
FF10EF	FF38C7	FF5AA5
FF42BD	FF4AB5	FF52AD

如果还是不清楚的话，可以将按键值标注到遥控器上，如图 3-20-4 所示。

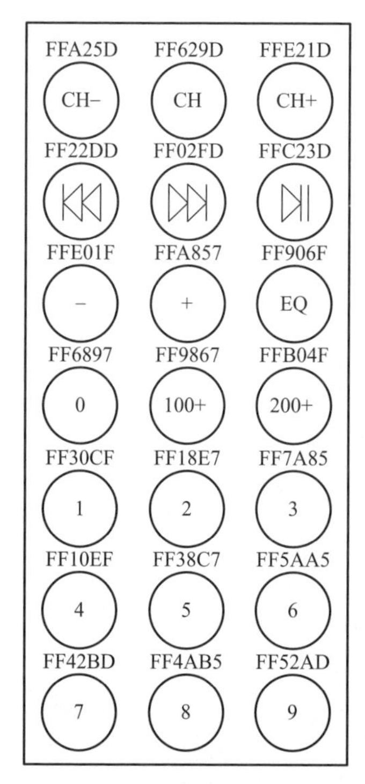

图 3-20-4　按键值与按键对应

（5）演示实物

注意接收头与主板的接法，简化电路，如图 3-20-5 所示。

图 3-20-5　实物图

动手实验二　遥控开关 LED

实现功能：按压遥控数字键“0”，Arduino 主控板上标注 L 的 LED 熄灭；按压遥控数字键“1”，该 LED 点亮。

（1）所需硬件

名称	数量	图示
遥控接收头	1	
遥控器	1	

（2）硬件电路连接

Arduino	功能	遥控接收头	功能
D9	数字接口（模拟正极）	VCC	正极
D10	数字接口（模拟负极）	GND	负极
D11	数字接口	OUT	信号输入
D13	数字接口（LED）		

（3）程序设计

```
#include <IRremote.h>
int RECV_PIN = 11;
int LED = 13;
int IRVCC = 9;
int IRGND = 10;
IRrecv irrecv(RECV_PIN);
decode_results results;
void setup( )
{
  Serial.begin(9600);
```

```
    irrecv.enableIRIn( );
    pinMode(LED, OUTPUT);
    pinMode(IRVCC, OUTPUT);
    digitalWrite(IRVCC, HIGH);
    pinMode(IRGND, OUTPUT);
    digitalWrite(IRGND, LOW);
}
void loop( )
{
    if (irrecv.decode(&results))
    {
        Serial.println(results.value, HEX);
        if (results.value == 0xFF6897)                // 按键 0。
        {
            digitalWrite(LED, LOW);
        }
        if (results.value == 0xFF30CF)                // 按键 1。
        {
            digitalWrite(LED, HIGH);
        }
        irrecv.resume( );
    }
    delay(100);
}
```

(4) 演示实物

参照动手实验一。

(5) 演示视频二维码

动手实验三　遥控多个 LED（举一反三）

实现功能：按键数字 2，点亮绿色 LED；按键数字 3，点亮红色 LED；按键数字 4，点亮黄色 LED；按键 <<，LED 左移；按键 >>，LED 右移；按键数字 0，随时熄灭所有 LED。

（1）所需硬件

名称	数量	图示
遥控接收头	1	
遥控器	1	
LED（5mm）红	1	
LED（5mm）绿	1	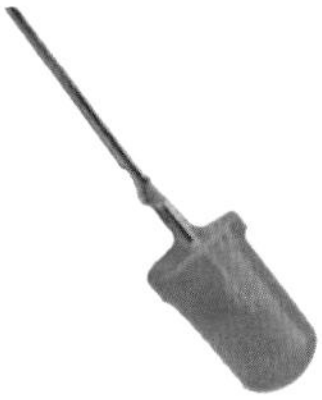
LED（5mm）黄	1	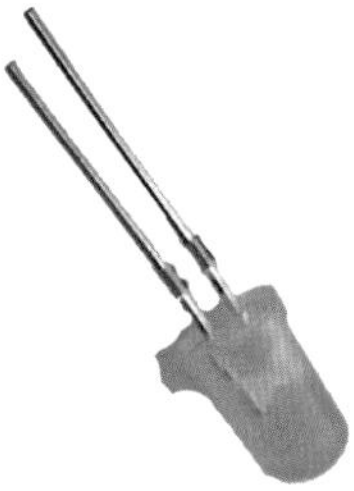
电阻 220Ω	3	

（2）硬件电路连接

Arduino	功能	遥控接收头	功能
D9	数字接口（模拟正极）	VCC	正极
D10	数字接口（模拟负极）	GND	负极
D11	数字接口	OUT	信号输入
D2	数字接口（LED）红		
D3	数字接口（LED）绿		
D4	数字接口（LED）黄		

（3）布局图

如图 3-20-6 所示。

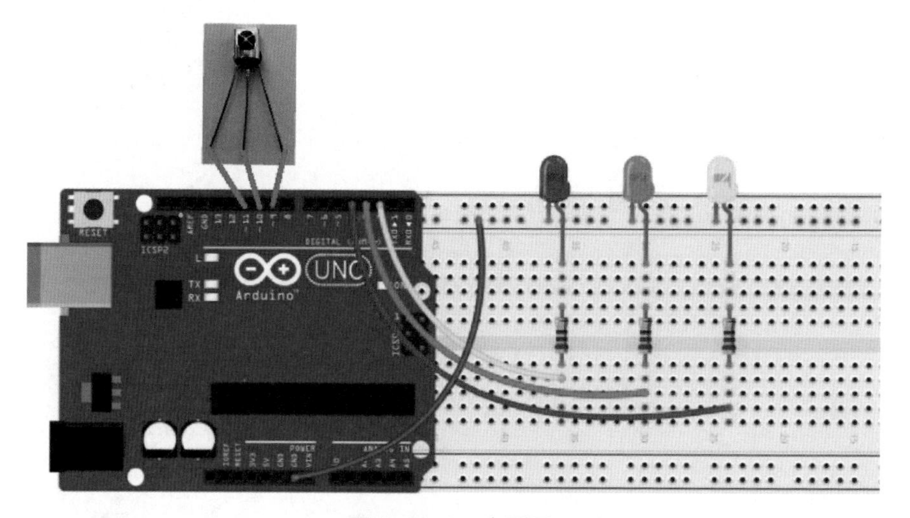

图 3-20-6 布局图

（4）程序设计

```
#include <IRremote.h>          //库文件。
int ledpin[ ] = {2, 3, 4};     //定义 LED 引脚，引脚 2 接红色 LED 正极，引脚 3 接绿色
                                 LED 正极，引脚 4 接黄色 LED 正极。
int RECV_PIN = 11;             //接收红外的引脚。
int IRVCC = 9;
int IRGND = 10;
IRrecv irrecv(RECV_PIN);
```

```
decode_results results;
void setup( )
{
  irrecv.enableIRIn( );                    // 开启红外接收。
  Serial.begin(9600);
  pinMode(IRVCC, OUTPUT);
  digitalWrite(IRVCC, HIGH);
  pinMode(IRGND, OUTPUT);
  digitalWrite(IRGND, LOW);
  for (int x = 0; x < 3; x++)              // 通过 for 语句将相应的 I/O 设置为输出模式。
  {
    pinMode(ledpin[x], OUTPUT);
  }
  for (int x = 0; x < 3; x++)              // 初始化 LED 熄灭。
  {
    digitalWrite(ledpin[x], LOW);
  }
}
void loop( )
{
  if (irrecv.decode(&results))
  {
    Serial.println(results.value, HEX);
    if (results.value == 0xFF18E7)         // 按键 2。
    {
      digitalWrite(ledpin[0], HIGH);       // 绿色 LED 点亮。
    }
    if (results.value == 0xFF7A85)         // 按键 3。
    {
      digitalWrite(ledpin[1], HIGH);       // 红色 LED 点亮。
    }
    if (results.value == 0xFF10EF)         // 按键 4。
    {
      digitalWrite(ledpin[2], HIGH);       // 黄色 LED 点亮。
```

```
      }
      if (results.value == 0xFF02FD)                   // 按键 >>。
      {
        for (int y = 0; y < 3; y++)                    // 循环点亮 LED。
        {
          digitalWrite(ledpin[y], HIGH);               // 点亮 LED。
          delay(100);                                  // 延时 0.1s。
          digitalWrite(ledpin[y], LOW);                // 熄灭 LED。
          delay(100);                                  // 延时 0.1s。
        }
      }
      if (results.value == 0xFF22DD)                   // 按键 <<。
      {
        for (int y = 2; y >= 0; y--)                   // 循环点亮 LED。
        {
          digitalWrite(ledpin[y], HIGH);               // 点亮 LED。
          delay(100);                                  // 延时 0.1s。
          digitalWrite(ledpin[y], LOW);                // 熄灭 LED。
          delay(100);                                  // 延时 0.1s。
        }
      }
      if (results.value == 0xFF6897)                   // 按键 0。
      {
        for (int x = 0; x < 3; x++)                    // 关闭所有的 LED。
        {
          digitalWrite(ledpin[x], LOW);
        }
      }
      irrecv.resume( );
    }
    delay(100);
  }
```

（5）演示实物

如图 3-20-7 所示。

图 3-20-7　实物图

（6）演示视频二维码

动手实验四　遥控智能升降闸机（综合利用）

实现功能：按压遥控数字“0”，挡杆升起；按压遥控数字“1”，挡杆落下。

（1）所需硬件

名称	数量	图示
舵机	1	
遥控接收头	1	

续表

名称	数量	图示
遥控器	1	

（2）硬件电路连接（注意本制作遥控器的接线与前面不一样，因为舵机信号线占用pin 9）

Arduino	功能	舵机	功能
5V	电源正极	红色线（VCC）	正极
GND	电源负极	棕色线（GND）	负极
D9	数字接口（PWM）	橙色线（S）	信号输入
D10	数字接口（模拟正极）	VCC	正极
D11	数字接口（模拟负极）	GND	负极
D12	数字接口	OUT	信号输入

（3）布局图

如图3-20-8所示。

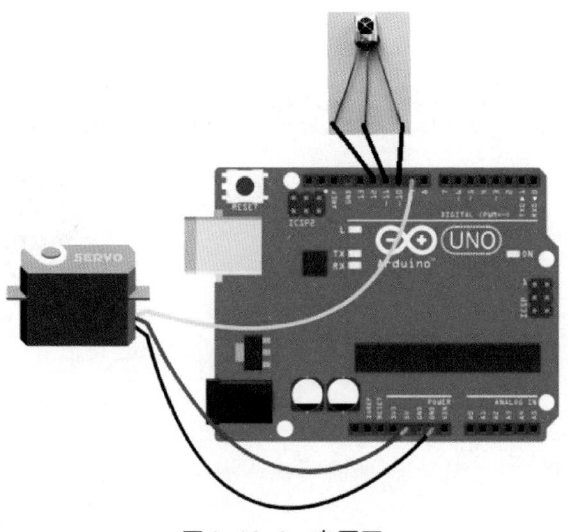

图3-20-8 布局图

（4）程序设计

```
#include <IRremote.h>
#include <Servo.h>                        // 舵机库文件。
Servo myservo;                            // 创建控制电机的对象。
int RECV_PIN = 12;
int IRVCC = 10;
int IRGND = 11;
IRrecv irrecv(RECV_PIN);
decode_results results;
void setup( )
{
  Serial.begin(9600);
  irrecv.enableIRIn( );
  pinMode(IRVCC, OUTPUT);
  digitalWrite(IRVCC, HIGH);
  pinMode(IRGND, OUTPUT);
  digitalWrite(IRGND, LOW);
  myservo.attach(9);                      // 引脚 9 控制舵机。
}
void loop( )
{
  if (irrecv.decode(&results))
  {
    Serial.println(results.value, HEX);
    if (results.value == 0xFF6897)        // 按键 0。
    {
      myservo.write(0);                   // 舵机转动到 0° 的位置。
    }
    if (results.value == 0xFF30CF)        // 按键 1。
    {
     myservo.write(90);                   // 舵机转动到 90° 的位置。
    }
    irrecv.resume( );
  }
```

```
    delay(100);
}
```

（5）演示实物

如图 3-20-9 所示。

图 3-20-9　实物图

（6）演示视频二维码